集成创新设计论丛（第二辑）
Series of Integrated Innovation Design Research II

方海　胡飞　主编

U0265925

无墙：
博物馆设计的
场域与叙事

Without Walls：
Fields and Narratives
Design of Museum

汤晓颖　薛忆思　王千　邓亚荣　著

中国建筑工业出版社

图书在版编目（CIP）数据

无墙：博物馆设计的场域与叙事/汤晓颖等著.
—北京：中国建筑工业出版社，2019.11
（集成创新设计论丛/方海，胡飞主编. 第二辑）
ISBN 978-7-112-24580-2

Ⅰ.① 无… Ⅱ.① 汤… Ⅲ.① 博物馆－建筑设计
Ⅳ.① TU242.5

中国版本图书馆CIP数据核字（2019）第286366号

　　本书以数字化时代背景下"无墙博物馆叙事设计"为研究对象，围绕具有"无墙"特征的博物馆设计的"场域"与"叙事"展开。探索博物馆设计新的表现介质与载体，打破"他者"在故事中所构建的叙事时空，颠覆了传统中"叙事者"和"观赏者"之间恒定不变的主从身份关系，通过叙事文本中诸如时空、人物、事件等元素的组织序列，与数字化交互技术相结合，探索其内容情节、时间安排和空间布置，形成可控制的、可操作的、可体验的和可无限想象的新的场域与叙事艺术与设计方法。

　　本书适用于设计学、数字媒体设计专业的研究者与学习者，文化遗产、博物馆、叙事学的学习者和研究者，博物馆设计从业者及爱好者阅读。

责任编辑：吴绫　唐旭　贺伟　李东禧
责任校对：赵菲

集成创新设计论丛（第二辑）
方海　胡飞　主编
无墙：博物馆设计的场域与叙事
汤晓颖　薛忆思　王千　邓亚荣　著
*
中国建筑工业出版社出版、发行（北京海淀三里河路9号）
各地新华书店、建筑书店经销
北京锋尚制版有限公司制版
北京中科印刷有限公司印刷
*
开本：787×1092毫米　1/16　印张：7½　字数：154千字
2019年11月第一版　2019年11月第一次印刷
定价：**46.00**元
ISBN 978-7-112-24580-2
（35031）

序

都说，这是设计最好的时代；我看，这是设计聚变的时代。"范式"成为近年来设计学界的热词，越来越多具有"小共识"的设计共同体不断涌现，凝聚中国智慧的本土设计理论正在日益完善，展现大国风貌的区域性设计学派也在持续建构。

作为横贯学科的设计学，正兼收并蓄技术、工程、社会、人文等领域的良性基因，以领域独特性（Domain independent）和情境依赖性（Context dependent）为思维方式，面向抗解问题（Wicked problem），强化溯因逻辑（Adductive logic）……设计学的本体论、认识论、方法论都呼之欲出。

广东工业大学是广东省高水平大学重点建设高校，已有61年的办学历史。学校坚持科研工作顶天立地，倡导与产业深度融合。广东工业大学的设计学科始于1980年代。作为全球设计、艺术与媒体院校联盟（CUMULUS）成员，广东工业大学艺术与设计学院坚持"艺术与设计融合科技与产业"的办学理念，走"深度国际化、深度跨学科、深度产学研"之路。经过30多年的建设与发展，目前广东工业大学设计学已成为广东省攀峰重点学科和广东省"冲一流"重点建设学科，在2017和2019软科"中国最好学科"排名中进入A类（前10%）。在这个岭南设计学科的人才高地上，芬兰"狮子团骑士勋章"获得者、芬兰"艺术家教授"领衔的广东省引进"工业设计集成创新科研团队"、国家高端外国专家等早已聚集，国家级高层次海外人才、青年长江学者、南粤优秀教师、青年珠江学者、香江学者等不断涌现。"广工大设计学术月"的活动也在广州、深圳、佛山、东莞等湾区核心城市形成持续且深刻的影响。

广东工业大学"集成创新设计论丛"第二辑包括五本，分别是《无墙：博物馆设计的场域与叙事》《映射：设计创意的科学表达》《表征：材质感性设计与可拓推理》《互意：交互设计的个性化语言》《无废：城市可持续设计探索》，从城市到产品、从语言到叙事，展现了广东工业大学在体验设计和绿色设计等领域的探索，充分体现了"集成创新设计"这一学术主线。

"无墙博物馆"的设计构想可追溯至20世纪60年代安德烈·马尔罗（André Malraux）的著作。人与展品的互动应成为未来博物馆艺术品价值阐释的重要方式。汤晓颖教授在《无墙：博物馆设计的场域与叙事》一书中，探索博物馆设计新的表现介质与载体，打破"他者"在故事中所构建的叙事时空，颠覆了传统中"叙事者"和"观赏者"之间恒定不变的主从身份关系，通过叙事文本中诸如时空、人物、事件等元素的组织序列，与数字化交互技术相结合，探索其内容情节、时间安排和空间布置，形成可控制的、可操作的、可体验的和可无限想象的新的场域与叙事艺术及设计方法。

贺继钢副教授在《映射：设计创意的科学表达》中，分析了逻辑思维、形象思维和直觉思维在创意设计中的作用，介绍了设计图学的数学基础和工程图样的基本内容及相关的国家标准，以及计算机绘图和建模的方法和实例。最后，以定制家具企业为例，介绍了在信息技术和互联网技术的支撑下，数据流如何取代传统的图纸来表达设计创意，实现数字化设计、销售和制造。通过这个案例，让不同专业的人员理解科技与设计融合的一种典型模式，有助于跨专业人员进行全方位的深度合作。

材质的情感化表达及推理是工业设计中的重要问题。张超博士在《表征：材质感性设计与可拓推理》中，以汽车内饰为研究对象，在感性设计、材质设计中引入可拓学的研究方法，通过可拓学建模、拓展、分析和评价，实现面向用户情感的产品材质设计过程智能化，自动生成创新材质设计方案。该书研究材质感性设计表征及推理规则，旨在探索解决材质感性设计在创意生成过程中的模糊性、不确定性和效率低下等问题。

纪毅博士在《互意：交互设计的个性化语言》中积极探索支持人类和各种事物之间有效交流的共同基础。通过创建一个个性化的交互产品，用户可以有效地与交互项目进行通信。通过学习交互设计语言，学习者将从不同的角度设计交互产品，为用户创造全新的交互体验。

垃圾问题是一项关乎民生和社会可持续发展的社会问题。萧嘉欣博士秉持着批判和反思的立场，在《无废：城市可持续设计探索》中重新审视城市中的垃圾问题及其可持续设计的方向。萧博士希望通过对物理、社会和文化因素的分析，让人作为人，空间作为空间，深刻反思一下人与空间究竟是何种关系？人与垃圾之间的关系又是如何？什么才是适合现代人的居住环境？我们该如何构建可持续城市？

"集成创新设计论丛"第二辑是广东省攀峰重点学科和广东省"冲一流"重点建设学科建设的阶段性成果，展现出广东工业大学艺术与设计学院教师们面向设计学科前沿问题的思考与探索。期待这套丛书的问世能够衍生出更多对于设计研究的有益思考，为中国设计研究的摩天大厦添砖加瓦；希冀更多的设计院校师生从商业设计的热潮中抽身，转向并坚持设计学的理论研究尤其是基础理论研究；憧憬我国设计学界以更饱满的激情与果敢，拥抱这个设计最好的时代。

胡　飞

2019年11月

于东风路729号

前　言

　　博物馆是传播文化、教育后人、凝聚民族向心力的重要场所。19世纪末博物馆讲解员的出现，象征着博物馆不再是高等人们的收藏品及鉴赏物。它尝试将藏品里的故事、信息、所蕴含的情感传递给大众。于是，博物馆开始讲故事，泛起了博物馆展示叙事的研究及运用的浪潮。然而大众审美的不断变化，呼吁着博物馆定义的不断更新。新媒体艺术的不断变化，号召各界人士应具有属于自己的艺术审美。传统博物馆里单一饱和的藏品艺术的表现形式不得不面临挑战，借助新媒体的力量吸引观众，迈向更包容、更开放、技术与数字化创举的创新之道。正如博物馆学者普拉滕（Pratten）所言，进入21世纪以来，新兴媒体技术的革命给人类生活和思维方式带来巨大变革，此时代下已经没有单一媒体能满足当代人们的好奇心了。人们对自主权的强烈欲望让博物馆类型不断地进行更新，衍生出生态博物馆、社区博物馆、虚拟博物馆等。它们的共同特点是吸引观众、接近观众，并留住观众。因为博物馆作为大型的传播媒介，必须在娱乐化时代下，与各类媒体进行同台竞争。"以人为本"的观念不仅成为当代博物馆的指南针，同时也是警示性标语。博物馆存在的价值意义最终服务于观众。如何更好地在当今时代下服务观众，赢得观众，"无墙博物馆"的概念给予了人们不少的提示。

　　"无墙"的解析是根据地域文化的不同而不同。"墙"是虚拟的墙，可指接受信息的不均衡、接受教育的不平等、种族文化的差异等；亦可是真实的墙，可指两物体间的障碍物及距离等。博物馆作为各类文化融合的聚集地，相当于一个杂交的文化空间、文化生态系统。博物馆的"墙"对于类型复杂的博物馆观众来说，是随时都可存在的。

　　本书试图运用生态学、社会学、博物馆学、心理学等多学科进行博物馆无墙化的研究，并基于叙事的理论基础，提出了博物馆场域里的叙事设计，尝试构建无墙博物馆的叙事体系。全书共分七章。第1章是对关键词的理论定义。首先，详细阐述了前人的研究经验，分析国内外对"无墙博物馆"的定义思考及运用。其次，探讨博物馆叙事的来源及学术研究，并运用布尔迪厄提出的人与社会关系的场域理念，分析博物馆场域与观众的关系架构。第2章则是基于数字媒体发展的历史梳理，从数字化生态下分析"无墙"的起源及人与媒体的关系，分析了博物馆如何通过多媒体实现无墙化，进而赢得观众。第3章是基于前两章的理论基础，着重分析博物馆场域与博物馆叙事的关系。通过案例的研究，佐证博物馆场域与叙事的密切合作关系，为无墙博物馆的叙事构建作铺垫。第4章则根据大众的行为心理，研究了场域的构建方式。第5章是第4章的延伸，详细分析了博物馆观众审美心理的变化，在此基础上，提出了无墙化体验美学的观点。第6章是前5章的总结及提炼，试图构建无墙博物馆的叙事体系。本章详细分析了叙事要素，借助空间蒙太奇的应用，连接了博物馆场域间的叙述，形成了观众、媒介与场域相链接的"故事板"叙事呈现。第7章的结语展望了未来博物馆展览的新方向，即"观众参与策划博物馆展览"的趋势。博物馆中的场域氛围与叙事线的排列将由观众一同参与决定的。这是一间随着时代观众文化需求而不断革新自身场域与叙事设计的博物馆，以期满足不同时代下观众对文化需求的满足感。

全球化的信息时代不仅打开了中西文化相互包容、采纳的大门，也让文化以新兴的数字化形态呈现在人们面前，让当代人们呈现出对现代新文化的好奇和接纳。这种以新兴姿态展示在人们面前的文化找到了在该时代下吸引观众注意的突破口，迎来了博物馆"无墙"化的进程。

目　录

第 7 章

结　语

第 1 章

无墙的定义及起源

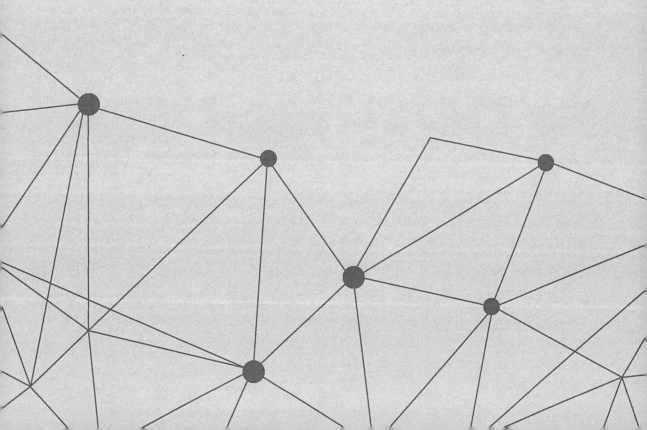

1.1 无墙的定义——多学科融合

无墙博物馆的概念起源于安德烈·马尔罗的《无墙的博物馆》，其是最早对艺术和文化全球化的描述之一。借此，西方学者们开始对艺术品进行包容性的解读，并重新审视博物馆的功能、大众与博物馆藏品的关系，以及艺术品真正的内涵价值。

1.1.1 艺术品想象力的集合与无墙

"伟大的艺术作品属于历史，但它不属于历史"——安德烈·马尔罗

安德烈·马尔罗（André Malraux，1901-1976）是法国艺术史学家，哲学家和文化政治家。他的《无墙的博物馆》（*Museums without Wall*）认为艺术具有包容性，让各类艺术的对话交流成为可能。此书描述了自中世纪以来，绘画和雕塑所经历的一系列变化，同时阐释了现代考古学、现代摄影术和世界文化的传播，在我们艺术知识的丰富过程中所起的重要作用。作者通过对艺术的深层阐释，把一些观众看来"无法理喻"的艺术品变成一幅幅清晰的图像，使我们对艺术的理解成为可能。

艺术博物馆诞生于现代文明，其存在了大约两百年。然而某些时代思想家对艺术博物馆的功能作用持有消极态度。例如，西奥多·阿多诺（Theodor Adorno）曾写道"德语单词museal有令人不快的意义。"其一，它描述了观察者与博物馆不再具有重要关系，是走向死亡过程中的物体。其二，博物馆的发音与陵墓相似，象征着"艺术品的家族坟墓"。同样，另一位思想家莫里斯·梅洛庞蒂（Maurice Merleau-Ponty）认为博物馆是冥想的墓地，并不是真正的艺术环境。

在马尔罗思考艺术博物馆的功能作用时，他开始意识到每件伟大的艺术作品都包含一些元素，而对这些元素的解读可以超越孕育它的环境的分析。因此，他提出"muséeimaginaire"的概念，即"没有围墙的博物馆"或简称为"想象中的博物馆"。马尔罗将艺术博物馆视为艺术的理想地点，与前述观点形成鲜明的对比。他认

为，在其他时代和文化理解中，绘画和雕塑的功能与现在所起到的作用是截然不同的。以非洲仪式面具或埃及雕塑为例。在原始文化中，它们被视为祖先的形象或者众神。如今，它们被当作艺术品供大众观赏。对于观众来说，它们是理解艺术和回应文化的核心物品，让艺术博物馆成为艺术的真正家园。在博物馆内，观众通过比较不同风格的艺术品，可根据现有知识的理解将它们的性质和内涵最大化地呈现出来。这意味着艺术通过跨越艺术史的作品和风格而进行对话，就如，观众可将非洲艺术、法国文艺复兴时期的绘画和中国明式花瓶进行比较，由此对不同时代及地域的艺术与文化有进一步的理解。

然而，马尔罗认为这种包容性的艺术概念也伴随着它的实际问题。由于艺术世界由大量不同风格的艺术作品组成，博物馆单一有限的艺术空间已达到过饱和状态，将难以融入更多的艺术作品。因此，艺术史上理想的对话必须在想象中进行，"muséeimaginaire"——"想象中的博物馆"或"没有围墙的博物馆"——即观众想象中所代表的所有主要艺术作品的集合。这种集合可能因人而异，但却拥有远远超出任何物理博物馆的艺术对话能力。这种理想的想象力集合可在数字化时代实现，通过摄影及网络技术来支持全球各地博物馆和画廊里各类艺术品的呈现。观众即可通过互联网访问所有的艺术品。集合想象力是所有重要作品的理想汇编，是无墙博物馆的雏形，而这种集合想象力的汇编在数字化时代中成为可能。

此外，乔纳森·米德斯（Jonathan Meades）也曾著作过一本《无墙的博物馆》（*Museums without Walls*）。他花了30年的时间创作了60部电影、两部小说和数百篇新闻报道，探索了从自然景观到人造建筑以及"它们之间的空隙"等独特领域，他所提出的"大众习以为常的事物的丰富奇特之处"力图消除高雅文化与低俗文化、好与坏品位、深刻的严肃与喧闹喜剧之间的隔阂。

1.1.2 电影艺术与无墙

以安德烈·马尔罗的观点为起点，安吉拉·达勒·瓦切（Angela Dalle Vacche）在2009年马萨诸塞州威廉斯敦的克拉克研究所（Clark Institute）召开了一次国际研讨会，并将研究成果编辑为一本论文集《电影、艺术、新媒体与无墙博物馆》（*Film, Art, New Media, Museum without Walls*？）。该书根据研讨会的原专题分为五个部分："早期电影（Early Cinema）"、"电影理论（Film Theory）"、"视觉研究（Visual Studies）、艺术史（Art History）、电影（Film）"、"画家和电影人（Painters and Filmmakers）"、"电影、博物馆、新媒体"。实际上，此书并不局限于马尔罗观点，而是重新关注了安德烈·巴赞（Andre Bazin）的概念，即电影是一种模仿博物馆保存其内容的工具。正如美国著名电影理论家达德利·安德鲁所说，马尔罗的注意力集中在艺术家的天分上，而巴赞的注意力则坚定地放在科学上。达勒·瓦切将科学优先于人类的方法称为"反人类中心主义"，并将其牢牢地置于中心位置，成为该论文集的论述中心观点。

在该系列的开篇文章中，学者琳达·内德（Lynda Nead）研究了艺术纪录片的类型。她认为，无论艺术家在工作中的表现形式如何不同，电影只能通过展示正在发展中的艺术作品来表现绘画，若将数字媒体加入这段本已紧张的关系中，只会进一步加剧问题。安吉拉·达勒·瓦切则进行了卢米埃兄弟的《玩牌者》（1896）和塞尚同时期的画作《玩牌者》（1890-1895）的比较研究，认为它们具有"历史连接（Historical Adjacency）"的特性。第二部分以电影理论为主题。虽然这两篇文章将数字媒体纳入了各自的讨论中，但正如章节标题所示，其所关注的理论主要是基于电影而不是新媒体理论。约翰·麦凯（John McKay）在《维托夫的理论与实践》（*The Theory and Practice of Dziga Vertov*）一书中探讨了苏联建构主义（Soviet Constructivism）与电影《基诺-埃尔》（Kino-Eye）的关系。麦凯认为两者的区别在于它们的客观性概念：前者倾向于结构性的客观性，而电影《基诺-埃尔》Kino-Eye则是"客观性的静态表征和机械模型"，是努力实现电影对现实的再现社会化，是具有象征性或隐喻性的。

最后两篇与博物馆内外的新媒体研究息息相关。首先，弗兰克斯·彭茨（Francois Penz）介绍了在剑桥大学进行的两个关于数字化和博物馆的研究项目。在这两个项目中，电影与博物馆的关系非常重要，尤其是关于真实空间和屏幕空间之间的类比。借此彭茨研究了不同的场景：其一，以剑桥菲茨威廉博物馆（Fitzwilliam Museum in Cambridge）为例，研究移动图像与博物馆观众体验的关系；其二，以巴黎的盖布兰利博物馆（The Musée du Quai Branly）为例，探索其与电影体验类似的博物馆空间，提出该空间中话语形式的叙述层。在叙述层中，层次包括建筑、艺术品、个人体验、策展叙事，最后是交互式触摸屏。彭茨（Penz）指出，数字媒体挑战了博物馆的传统物质结构，提供了"创新、个人授权和信息（非物质）自由"的策展方式。

1.1.3 教育与无墙

"博物馆必须胸怀大志、敢于梦想。它能清晰地认识到受众是谁，且能了解到受众的需求，以及受众如何与博物馆互动。"开源和知识共享的支持者迈克尔·埃德森（Michael Edson）指出，在21世纪，博物馆需增强并扩大它们的影响力范围，努力实现一个教育的使命，为十几亿的学习者提供服务。例如，在线学习观赏平台——谷歌艺术与文化（前身为谷歌艺术项目）。其拥有46家博物馆的3.2万多件艺术品，并提供18种语言选择，包括英语、日语、印度尼西亚语、法语、意大利语、波兰语和葡萄牙语。用户可以通过该平台访问存放在该计划合作博物馆的艺术品的高分辨率图像，包括伦敦泰德艺术馆（Tate Gallery）、纽约的大都会艺术博物馆（The Metropolitan Museum）以及佛罗伦萨的乌菲齐博物馆（Uffizi）等。此外，该数字平台利用高分辨率图像技术，使用户可以虚拟地参观不同博物馆的画廊，利用谷歌的街景技术实现"步行"功能（图1-1），将感兴趣的藏品进行点击放大（图1-2）。部分藏品分辨率超过10亿像素，用户可清晰看见藏品身上的裂缝（图1-3），这是用户到实体博物馆参观时所缺乏的体验效果。此外，"收藏"按钮可帮助用户筛选、标记及编辑，进而构建"个人虚拟博物馆"。

知识共享和资源开放催生了谷歌艺术与文化项目，帮助用户筛选、标记及编辑藏品，构建"个人虚拟博物馆"。而艺术博物馆作为一种特殊的教育机构，如何才能采用

图1-1 大英博物馆埃及展的"步行"功能

图1-2 藏品的详细信息

图1-3 藏品的细节——裂缝及纹样
来源：Google Arts & Culture网站的截图

一种协作共享知识的标准呢？像谷歌艺术项目就足够了吗？2017年2月7日，大都会艺术博物馆馆长托马斯·坎贝尔（Thomas Campbell）宣布了一项新政策：大众可不受限制地使用博物馆收藏的所有艺术品的图片。大都会博物馆采用开放获取资源和知识共享的设计，提供了37.5万多幅图像供学术和商业目的使用。坎贝尔先生在新闻稿中指出，博物馆的核心使命是向所有希望在博物馆的关怀下学习和欣赏艺术作品的人开放。因此，博物馆需增加对博物馆藏品和学术的访问，为21世纪的观众提供符合他们兴趣和需求的创意、知识和想法资源。

博物馆作为公民自豪感和劳役精神的象征，博物馆已经从"艺术家"（Kunst Skammer）的模式转变成服务观众的"劳动者"。2015年4月27日，在美国博物馆协会（American Association of Museums）全国会议的主题演讲上，约翰内塔—贝奇—科尔（Johnnetta Betsch Cole）曾这样总结博物馆服务于观众的核心使命："如果我们想在艺术和经济上保持相关性，我们必须重新思考博物馆里发生了什么。我们的博物馆属于谁，以及那些有幸通过科学、历史、文化和艺术的力量讲述重要故事的同伴是谁。"数字技术的变化速度似乎是压倒性的，但却提供了拉近藏品与观众距离的快捷通道。博物馆运营的新模式是通过开放资源和知识共享、跨机构和跨数字/虚拟协作，以及相关受众的研究和评估，来增加其内容和学术材料的访问量。此外，研究内容包括艺术作品的娱乐性、社交活动（Web 2.0）、信息的获取、数字技术的应用。这些为艺术历史的教学、艺术博物馆的教育以及数字教育的策划提供帮助，进而实现教育的无墙化。

1.1.4 无墙博物馆学的建立：乘法和多样化

19世纪，博物馆萎靡不振的现象，让博物馆开始进行实践改造。传统博物馆功能因而逐步得到完善，孕育出新博物馆学。英国博物馆学研究专家苏珊·皮尔斯（Susan M. Pearce）认为"新博物馆学"是一种反映相关学术领域变化的认识论批评，其目的是根据考古学、历史学、人类学和社会学等学科创造的话语揭示、分析和解构霸权文化。博物馆内部文化仍是以对象为基础，以获取、研究、保护和展览为核心，它与参观公众之间仍然存在着鲜明的区分。这意味着无论是艺术史、科学、技术还是特殊兴趣，博物馆与公众的关系突出的是由内而外的管理文化（图1-4）。

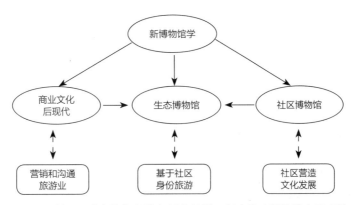

图1-4 苏珊·皮尔斯解析的新博物馆学，其中生态博物馆介于成熟的社区博物馆和商业管理实践之间

世界最佳遗产组织（The Best in Heritage）主席托米斯拉夫·索拉（Tomislav Sola）[①]则提倡用更广泛的方法来研究博物馆学。他将博物馆学定义为"过去的历史、人类经验和遗产哲学的结合体"，即将档案管理、图书馆学、博物馆学、传播学和信息学等学科结合起来。在他的著作《无墙博物馆：乔治·亨利·里维埃的博物馆学》（*Museums without Walls: The Museology of Georges Henri Rivière*）中，他分类了三种新的博物馆学：其一，新博物馆学是传统博物馆文化在后现代博物馆中的转型；其二，新博物馆学是基于里维尔"旅游理论"的身份博物馆学；其三，新博物馆学是以《智利圣地亚哥决议》和1974年国际博物馆组织将博物馆定义为基础的发展经济博物馆。

索拉认为博物馆是理解物质世界的"保护地、古迹、档案、电影学院"，它旨在创建一个国家对传统文化的敏感性。博物馆学的目的是"将人类知识转化为对空间和时

---

① 注：托米斯拉夫·索拉曾主修艺术史和博物馆学，他曾创立了"遗产学"（Heritology），后又创立了"遗产控制心理学"（Mnemosophy）。

间的完全意识和感觉"。索拉指出，遗产学理论是对过去的解释学，是形而上学的"高度"、是"在一个以媒体为导向的环境中，不受限制的艺术创造力"。与传统博物馆的记忆不同，新博物馆学的记忆将是"一个完整的思想，一个受过教育的直觉和一个道德的预感"。而大多数城镇和地区在不同程度上都有自己的美术、自然科学和艺术科技博物馆，珍藏和展示过去的杰作和重要证据，收集能为后代的骄傲和理解做出贡献的东西。所有这些传统博物馆得益于近一个世纪以来博物馆学发展所贡献的文献、展示和保存技术。因此，每个城镇、城市和地区开发属于他们自己的"领土博物馆"，各种团体、社区或制造商在此展示他们的身份标志。索拉认为这些博物馆是真正的"没有墙的博物馆学"，它们象征着一个特定区域的全部遗产——它的地质、自然史、人类历史、创造性艺术和当代生活等（图1-5）。这些领土博物馆还与当地政府、旅游局、志愿协会、学校等机构密切合作，是一种多样化叠加，乘法化的文化传播方式，让博物馆从封闭的收藏展示机构，扩展到今天"没有围墙的博物馆学（Open Air Museology）"。

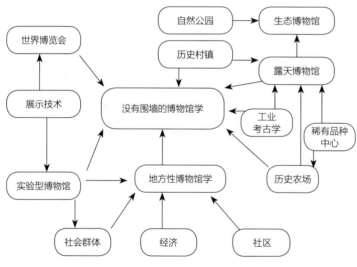

图1-5 "没有围墙的博物馆学"的架构

1.2 无墙的起源——新媒体艺术的发展

无墙博物馆是伴随着科技的进步、博物馆职能的不断完善，以及博物馆与观众关系的定义与更新而诞生的。无墙博物馆利用大众媒体、数字化技术等接近观众，不断实践观众对不同载体所传达的藏品的理解，以及深层次的艺术性表达及审美，进而实现"无墙"。而这种借用新兴媒介呈现文化的展示方式与新媒体艺术的发展历程极为相似。这种发展是伴随着大众审美的认可及赞同，得以存活及繁荣的。

新媒体艺术的历史可追溯到60年前的第二次世界大战，期间许多重要技术得到了发展，其中包括了数字计算。技术得到了实践，让不少人开始关注技术并展开研究，诞生了控制论、信息论和一般系统论等理论。这些技术和思想在战后迅速发展，人们开始将目光转向艺术，探讨技术与艺术结合的可能性。

1.2.1　早期计算机艺术的尝试

在20世纪50年代和60年代初，美国先锋派古典音乐作曲家约翰·凯奇（John Cage）开发了一项涉及互动、多媒体和电子的项目，唤起了艺术家对交互的兴趣。20世纪50年代，本·拉波斯基、老约翰·惠特尼和贝尔实验室的马克斯·马修斯等艺术家共同研发制作了美国的第一批电子艺术品，并开始尝试用电脑制作音乐。与此同时，在欧洲，皮埃尔·布列兹、埃德加·瓦雷兹和卡尔海因茨·施托克豪森等作曲家也在试验电子音乐。Otto Piene、Julio le Parc、Tsai Wen-Ying和Len Lye（实验动画师），以及le moumovement、The "New Tendency"、ZERO和The Groupe de Recherche d'art Visuel（GRAV）等团体开始探索动态主义和艺术控制论结合的可能性。法国理论家亚伯拉罕·摩尔和德国理论家马克思·本斯着手研究应用信息论和控制论，并发表了相关的著作及艺术品。最早的计算机艺术展览在斯图加特大学美术馆举办，由马克思·本斯创办。他将想法付诸实践，在担任画廊负责人的20年里，举办了不少数字艺术的展览，为数字艺术的发展做出了贡献。

19世纪以来，英国的艺术领域普遍推行田园牧歌式风格，因而秉持着一种反科技的态度。推动技术和系统理念的主要力量来自于存活短暂但却有影响力的独立组织（IG）。该组织与当代艺术研究所（ICA）及一些年轻艺术家、设计师、理论家和建筑师，对先进的技术思想、媒体、信息与通信理论、控制论进行了普及和研究。同样重要的是IG对美国艺术教育的影响，特别是通过理查德·汉密尔顿和维克多·帕斯莫尔在达勒姆国王学院开创的基础设计课程，极大地影响了一些艺术家的创作之路。例如，艺术家Roy Ascott与Hamilton和Pasmore一直在为艺术教学的发展寻找可行性的教学策略，提出新技术和以新技术为导向的论述和思想。此外，20世纪60年代早期英国艺术教育同样得到了大规模的重组。

1.2.2　多媒体环境下的系统艺术

20世纪60年代中期，视频技术可用性的日益成熟，以及巴克明斯特·富勒（Buckminster Fuller）和马歇尔·麦克卢汉（Marshall McLuhan）等理论家对数字媒体技术的支持，进一步推动了新技术本身和相关概念的艺术实践的发展。电影制作人斯坦·范德比克（Stan Vanderbeek）和莱恩·莱（Len Lye），以及Fluxus的成员沃尔夫·沃斯特尔（Wolf Vostell）和白南俊（Nam June Paik）受到以上数字媒体技艺概念的启发，最早开始运用电视进行作品展示及创作。磁带等科技公司也是最早发展便携式摄像机，并创作出第一批视频艺术作品。视频艺术的兴起，引发了不少艺术家们兴趣。其中包括莱斯·莱文（Les Levine）和布鲁斯·努曼（Bruce Nauman）在内的其他年轻艺术家也采用了这种做法。与此同时，其他技术如电子、激光和光系统，也被艺术家们所利用，包括Vladimir Bonacic、Otto Piene和Dan Flavin等。这一时期最重要的发展之一是多媒体环境的蓬勃发展。

在多媒体得到迅速发展的背景下，艺术家们开始利用电脑制作艺术。首先，艺术和计算机技术之间的关系主要是概念性的。艺术家可能热衷于利用诸如控制论等思想来进行艺术实践，但实际上很少有人使用计算机。在它们存在的最初15到20年里，数字计算机是大型的、昂贵的数字处理器，且难以使用。就艺术创作的实用性而言，几乎无法为艺术家提供有效帮助。计算机艺术的真正发展和繁荣得益于核防御和其他军事设备。国家投入大量人力物力来完善自身的军事力量，促使计算机发展成为一种互动的视觉媒介，而不仅仅是一个数字运算工具。例如，战略空对地环境（SAGE）核早期预警防御系统涉及网络、交互性、可视化界面以及实时数据处理等方面（图1-6），生成了一种新型预警防御系统。这一发展让人们开始关注计算机真正的功能、属性及作用。其他诸如计算机图形学、windows界面、鼠标和阿帕网（Arpanet，互联网的前身）使人们对此类技术的艺术性运用产生了越来越浓厚的兴趣。1965年、1966年，计算机艺术展览分别首次在斯图加特大学美术馆和纽约霍华德·怀斯美术馆举行。莉莲·施瓦茨（Lilian Schwartz）、爱德华·扎亚克（Edward Zajac）和查尔斯·苏瑞（Charles Csuri）成为第一批利用电脑制作艺术品的艺术家，其中查尔斯·苏瑞（Charles Csuri）在1967年创作的电脑动画《蜂鸟》（Hummingbird）是现代艺术博物馆（Museum of Modern Art）购买的第一件电脑艺术品，同时也是最早的电脑艺术作品。

随后，肯·诺尔顿（Ken Knowlton）开始研究美国计算机图形学。与此同

图1-6　SAGE部门利用交互性、可视化界面的控制实验室
来源：维基百科

时，曼弗雷德·莫尔（Manfred Mohr）着手创作计算机图形作品，并编辑成册*Manfred Mohr Computer Graphics*（图1-7~图1-9）。受神经科学、信息学、电子计算机行业以及维特根斯坦（Wittgenstein）的语言游戏概念的启发，马克斯·本斯（Max Bense）试图扩展传统文学观，成为最早将计算机技术整合到文学思想观，并跨学科对其进行研究的文化哲学家之一。最终，计算机图形学（Computer Graphics）在德国创立。

比利·克鲁弗（Billy Kluver）

图1-7 《曼弗雷德尔计算机图形学》封面
来源：网络

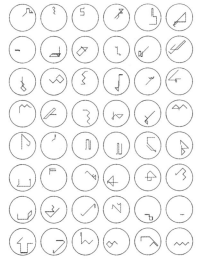

图1-8 曼弗雷德·莫尔（Manfred Mohr）的第48号程序作品[1]，每个圆包含6组线，由第21号程序作品（图1-9）计算得来

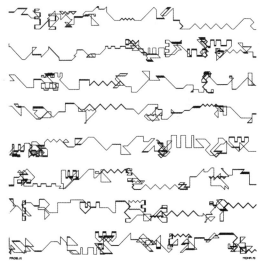

图1-9 曼弗雷德·莫尔（Manfred Mohr）的第21号程序作品[2]

---

[1] 来源：Copyright © 1971 - by Manfred Mohr 58 Boulevard de Latour - Manubourg Paris-7

[2] 来源：Copyright © 1971 - by Manfred Mohr 58 Boulevard de Latour - Manubourg Paris-7

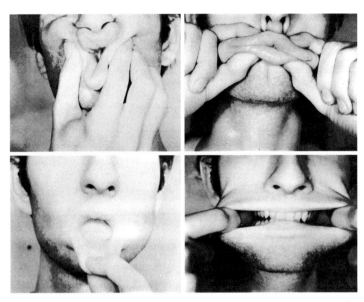

图1-10　布鲁斯·瑙曼（Bruce Nauman），《全息图研究》，1970年[①]

和罗伯特·劳森伯格（Robert Rauschenberg）共同创立了艺术与技术实验室
（E.A.T），旨在促进艺术家和工程师之间合作。1968年是非同寻常的一年。此年不仅
代表着政治和社会领域范式的转向，还引发了行为艺术和视觉艺术关联研究：吉恩·扬
布拉德（Gene Youngblood）的著作《扩展的影院》（*Expanded Cinema*），是第一本
将视频看作艺术的书籍，对媒体艺术的发展具有深厚的影响力。在书中，他认为，新
意识的发展就像新的、扩大的电影院。他介绍了如何利用新技术制作各种类型的电
影，包括电影特效、计算机艺术、视频艺术、多媒体环境和全息照相。布鲁斯·瑙曼
（Bruce Nauman）则主张艺术是艺术家在工作室中进行的任何行为的产物。他认为，
制造过程等于完成的对象，而不仅仅是达到目的的手段，如图1-10所示。

　　美国的首次视频展览"电视作为创意媒体（TV as a Creative Medium）"由美
术馆馆长霍华德·怀斯（Howard Wise）主持，并在洛杉矶尼古拉斯·瓦尔德美术
馆（Nicholas Wilder Gallery）开幕。此开创性展览激发了一代艺术家去拍摄视频，
而这些视频的评论远远超出了艺术话语的范围。贾西亚·赖卡特（Jasia Reichardt）
在伦敦当代艺术协会（ICA）组织了展览"控制论的意外发现（Cybernetic
Serendipity）"。同年，展览"一些更多的开始（Some More Beginnings）"见证了
第一次大规模媒体实验的展示。这个展览实际上是一项技术与艺术融合的竞赛，将入
围作品提交至PontusHultén，并于1968年秋天在MoMA举办的"机械时代末日所见
的机器（The Machine as Seen at the End of the Mechanical Age）"展出，是连接

---

① 来源：https://www.sfmoma.org/artwork/2000.598.E/

科技与艺术的标志性展览。在最开始这种展览展出的时候，人们很难区分概念艺术和系统艺术，但到了1970年，这种差异开始显现。艺术家们的展览，如Burnham的软件之年的展览、Kynaston McShine在现代艺术博物馆的展览，均把信息与艺术和技术逐渐联系起来。同年，批评家和理论家杰克·伯纳姆在纽约犹太博物馆组织策划了"软件：信息技术对艺术的意义"的展览。此次展览打破了学科界限，融合了科学家、计算机理论家和艺术家的作品，标志着学科间的交叉融合协作的开始。此外，学者们也开始研究技艺的结合。1972年，乔纳森·本瑟著《艺术与科技》一书，道格拉斯·戴维斯著《未来》一书。1973年，斯图尔特·克兰兹推出了他的不朽作品《艺术中的科学与技术：旅行》，这些著作均促进了艺术与科技的融合发展。

1.2.3 被批判的系统艺术

1965年到20世纪70年代初，是美国系统艺术历史上最辉煌的时期。但在20世纪70年代初，艺术家们表现出了一种增长性地对技术的极端疏远和批判态度。涉及新技术的艺术似乎被其他方法所取代。这样的失败归因于以下几点，其一，艺术家们怀疑系统艺术，控制论，他们拒绝与工业界合作完成项目及展览，而计算机源于军事工业和复合材料的学术领域。其二，实践新技术艺术时工作的质量，如展览的失败。安装、保存和商品化的困难均造成了系统艺术的消弭。其三，20世纪70年代早期的反主流文化和经济，几乎没有鼓励以技术为基础发展的乌托邦主义。例如，早期在纽约和斯图加特举办的展览，如"9晚（9 Evenings）"，"控制论的机缘巧合（Cybernetic Serendipity）"以及"软未来（Soft the future）"等相关性理念到20世纪70年代中期，或多或少已经消失了。

在20世纪70年代和80年代，视频艺术虽逐渐被主流艺术世界所接纳，但新媒体、电子、计算机和控制论艺术在很大程度上被忽视。此时艺术的制作和传授主要展示在专业和贸易展览中。例如美国的SIG-GRAPH（Special Interest Group for Computer GRAPHICS，计算机图形图像特别兴趣小组）[①]，许多从事技术工作的艺术家最终进入了蓬勃发展的计算机图形行业。网络计算的日益普及，让经济危机导致资本主义经济和全球金融的重组。正如阿尔文·托夫勒（Alvin Toffler）和丹尼尔·贝尔（Daniel Bell）等预测的那样，后工业经济的时代，信息（非物质）将成为西方生产的焦点。技术乌托邦主义在20世纪70年代随着个人计算机和互联网重新出现，军事—工业—学术综合体开发的技术被反文化的新自由主义结束。在20世纪70年代后期，计算机特效、视频游戏和用户友好系统以及诸如计算机朋克小说、技术音乐和解构图形设计等文化得到了发展。

---

① 成立于1967年，一直致力于推广和发展计算机绘图和动画制作的软硬件技术。

1.2.4 系统艺术的重现

在20世纪末，两位法国学者西蒙·诺拉（Simon Nora）和阿兰·明克（Alain Minc）为法国总统吉斯卡尔·德斯坦（Giscard D'Estaing）撰写了一份报告，这篇报告预示着"社会的计算机化（Computerization of Society）"和"远程信息技术（Telematics）"的出现，象征着计算机和电信的结合。大约在同一时期，信息技术和通信网络的普遍性和批判性，萌发了后结构主义和后现代主义等话语的出现。这种批判性的方法开始让系统艺术再次引起主流艺术世界的兴趣。1979年，第一届Ars电子艺术节（Ars Electronica Festival）（图1-11）在奥地利林茨举行，旨在探讨计算机和电子技术的应用，并迅速取得了成功，引起了全世界的关注。现今，艺术、技术和社会仍然是该平台的理念。全新的Ars Electronica中心囊括人工智能和神经科学、机器人技术、自动驾驶、基因工程和生物技术等未来领域，其特定的方向和长期的连续性使其在国际上独树一帜，成为世界上最重要的媒体艺术节之一。1985年，让·弗朗索瓦·利奥塔（Jean-François Lyotard）和蒂埃里·查普特（Thierry Chaput）在巴黎蓬皮杜艺术中心策划了一场大型展览《非物质》（Les Immatériaux）（图1-12），旨在展示新技术、交流和信息的文化效应，是美学展览历史的重要一刻。[①]

图1-11　第一届电影艺术节上，机器人SPA-12在林茨进行表演[①]，1979年

---

① 来源：Ars Electronica（https://ars.electronica.art/news/en/）

图1-12　《非物质》展览现场蓬皮杜艺术中心，1985年①

　　同一时期，1983年泰特（Tate）举办了首届计算机生成艺术展览——哈罗德·科恩（Harold Cohen）的艾伦（AARON）的作品展览。哈罗德·科恩（Harold Cohen）是计算机艺术、算法艺术和生成艺术的先驱。他的驱动绘图系统AARON是历史上运行时间最长，能够持续维护的AI系统之一。

　　20世纪90年代末，随着计算机视觉技术的普及，互动技术、网络技术、Flash动画技术、电子游戏技术、三维视觉技术以及计算机数字编辑技术等开始融入视频艺术的制作。1988年，Movia机构成立——集委托、推广、展示、发行电子媒体艺术于一体。同年，首届国际电子艺界研讨会（ISEA）举行。一年后，德国卡尔斯鲁厄（Karlsruhe）成立了媒体与技术艺术中心ZKM。1990年，NTT国际交流中心在东京成立，旧金山现代艺术博物馆举办了首次新媒体艺术展览。整个20世纪90年代，明尼阿波利斯（Minneapolis）的沃克艺术画廊（Walker Art Gallery）都在展出数字和新媒体作品。同时，位于伦敦的国家美术馆首次使用电脑公开展示信息。1993年，纽约的古根海姆博物馆举办了一场名为"虚拟现实：一种新兴媒体"的展览。1994年，首届电子艺术节Lovebytes成功举行（图1-13），旨在探索数字技术的文化和创造潜力，而其中音乐节是一个在数字艺术、音乐、电影、互动媒体和创意软件领域进行创新和实验性新作品的平台。1997年，伦敦巴比肯艺术画廊（Barbican Art Gallery）举办了由贝丽尔·格雷厄姆（Beryl Graham）策划的展览"严肃游戏：艺术、技术与互动（Serious Games: Art, Technology and Interaction）"。另外，万维网的发展是源于瑞士欧洲核子研究中心（CERN）的英国科学家蒂姆·伯纳斯－李

---

① 来源：http://www.360doc.com/content/15/0407/19/103068_461351824.shtml

利（Tim Berners-Lee）利用互联网访问数字文件的想法。为此，他开发了用于出版的通用标记语言（SGML），他称之为超文本标记语言或HTML。它允许用户通过软件向查看者提供文本和图片，并嵌入从一个文档到另一个文档的链接。万维网的普及助力了新媒介艺术的发展。它作为一种媒介，给艺术家们提供了快捷方便的创作平台。一些艺术家借此抓住了这个机会，在"网络与艺术"的融合领域下进行创作。从此，艺术家们的作品至少有一部分是在网上制作的，甚至是为网络制作，只能在网上观看。

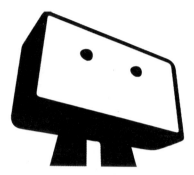

图1-13 LOVEBYTES.ORG.UK
标志
来源：维基百科

1.2.5 系统艺术的回归重整——新媒体艺术

系统艺术逐渐扩展它的辐射圈，因而西方艺术的整体发展变得流派众多、纷繁复杂。由于特定的历史环境与创作的物质环境的变革，使得艺术家被迫开始直面艺术的本质问题。抽象绘画以康定斯基（Wassily Kandinsky）与蒙德里安（Piet Cornelies Mondrian）为代表，在冷抽象与热抽象的不同绘画探索中，逐渐脱离了具象的束缚与参照。马塞尔·杜尚（Marcel Duchamp）、约翰·凯奇（John Cage）等人则通过艺术媒介与观念的融合尝试，将艺术创作推进更多元化。在20世纪五六十年代的众多艺术实践中，拼贴、模仿、复制、解构等创作思路更是大放异彩。无论是波普艺术，还是光效应艺术，或者极简艺术与观念艺术，都不同程度地体现了新媒介、新技术、新观念被应用到艺术创作中的增长性及普遍性，并以多种综合性元素交错融合的方式呈现在艺术品上[①]。步入21世纪后，经济的发展引发了第三科技的革命，人们使用新兴电子媒介进行各种艺术样式的创新及实践。如使用摄影、电影电视影像、霓虹灯管、电子机械装置的物质媒介等进行创作。由于摄影技术的发展，复制时代的来临，让高雅艺术逐步向大众艺术靠拢。实现了"人人都是艺术家、创作家"的时代，衍生了各种各样的艺术形式。其中，英文维基百科将以下艺术形式归类为新媒体艺术（New Media Art）：数字艺术（Digital Art）、计算机图形学（Computer Graphics）、计算机动画（Computer Animation）、虚拟艺术（Virtual Art）、网络艺术（Internet Art）、互动艺术（Interactive Art）、电子游戏（Video Games）、计算机机器人（Computer Robotics）、3D 打印技术（3D Printing）、赛博艺术（Cyborg Art）和

---

① 周绍江. 多元与融合[D]. 重庆：四川美术学院，2018.

生物科技艺术等形式。由于受到信息技术和电子技术迅猛发展的影响，新媒体艺术的发展也势在必行，它将会成为21世纪最有前景的艺术之一①。"

　　此外，西方的新媒体艺术研究也已形成了一定规模的经典文本。例如Lev Manovic的《新媒体的语言》（*The Language of New Media*，2007），Josephine Starrs 和 Leon Cmielewski的《请触摸艺术：私人信息》（*Please Touch the Art：Private Information*，2005），Brett Stalbaum 的《当代艺术数据库实践的解释框架》（*An Interpretive Framework for Contemporary Database Practice in the Arts*，2006）②等，均揭示了媒体的新生态，让无墙博物馆成为可能。

---

① 孟卫东. 新媒体艺术生存和发展的当代背景[J]. 安徽师范大学学报（人文社会科学版），2009，37（01）：101–103.
② 马晓翔. 新媒体装置艺术的观念与形式研究[D]. 南京：南京艺术学院，2012.

第 2 章

媒体新生态与
无墙的实现

2.1 无墙的培育——数字化时代的新生态

当今，新媒体艺术的蓬勃发展，大众运用媒介承载信息不仅仅是单纯地传输信息，而是以各种层出不穷的视觉化艺术表达形式博得他人的眼球，以满足自身的个性化追求。新兴媒介的发展、信息的高速流通成为21世纪时代的标志。

媒体生态学作为一种创新的媒体研究理论框架，诞生于20世纪60年代，而后在1998年创建的传媒生态协会，使其研究根基逐渐得到了稳固。万维网的扩散和媒体融合的发展，促进了马歇尔·麦克卢汉（Marshall McLuhan）进行传媒生态的研究和社会科学的研究。今天的媒体生态学"不再仅仅是麦克卢汉主义"的。文学巨匠豪尔赫·路易斯·博尔赫斯（Jorge Luis Borges）在卡夫卡的序言中写道："每个作家都创造了自己的先驱。麦克卢汉的作品改变了我们对过去的看法，正如它将改变未来一样。许多研究者在麦克卢汉之前就是麦克卢汉，就像许多作家在卡夫卡之前就是卡夫卡一样。"媒介生态学家将自己置身于传统的多学科之中，从而创造了一个具有追溯力的理论框架，支撑着他们的当代研究。因而，媒体生态学在20世纪的经济、历史、语言学、社会学和教育学研究中有着深厚的根基。

2.1.1 媒体生态学的定义

1968年，媒体文化研究者和批评家尼尔·波兹曼（Neil Postman）从生态角度考虑媒体和个人之间关系。波兹曼（Postman）将媒体生态学定义为"将媒体视为环境的研究"。三年后，他在纽约大学创立了第一个媒体生态学项目。媒体生态学的理论化意味着讨论环境、媒体、人的存在和互动等概念。媒体环境指定了大众能做什么和不能做什么。例如图书、广播、电影、电视等媒体环境，给予了大众特定的信息，但却不能让大众随意定制信息的内容。

波兹曼（Postman）指出，媒体技术通常是含蓄（Implicit）的和非正式（Informal）

的，但媒体生态学的诞生，使其变得明确。媒体生态学试图找出媒体迫使大众扮演的角色，媒体如何构建大众所见或所想，以及为什么媒体能让大众有所感，并潜意识地影响着大众的行为方式。正是在这样的背景下，波兹曼（Postman）肯定了媒介生态学是媒介作为环境的研究，并在不同的文本和环境中发展了生态隐喻。1998年3月，在美国丹佛的一次论坛《关于技术变革我们需要知道的五件事》中，波兹曼（Postman）说："技术变革不是附加的，它是生态的。"他用一个例子解释了这个概念："新媒体不会增加什么，但它改变了一切。例如，在1500年，印刷术发明之后，当时的欧洲还没有印刷术，但却造就了一个不同的欧洲。"

麦克卢汉（Marshall McLuhan）则认为，媒体是一种环境或媒介。在这种环境中，个体像鱼一样生活在水中。这种环境是我们创造和提高技术的地方——从文本到电影，从车轮到飞机，从莎草纸到书籍——这些技术的发展塑造了我们的感知和认知系统。1977年，麦克卢汉（Marshall McLuhan）解释道，"媒体生态意味着安排各种媒体互相帮助，这样它们就不会相互抵消，从而支持一种媒体与另一种媒体。"例如，广播比电视更有助于读写能力的提升，但电视对语言教学却是一个不错的选择。通过对比广播与电视的传播方式，电视比广播多了"视觉"的感官刺激。当人处在学习过程中时，两种或多种感官的刺激能帮助人更快、更有效地获取知识信息。因而，媒介生态学曾被学者广义地定义为"复杂的传播系统环境"的研究。

2.1.2　隐喻：生态学话语与传播

研究表明，隐喻不仅仅是语言的诗意点缀和一系列的修辞形式，相反，它们是人类交流和认知文化的基本手段[①]。隐喻是我们理解周围世界的基础，同时在我们的技术概念中占据着核心地位。隐喻不仅在日常会话或理解中起到了关键作用，同时它们在科学话语中也扮演着重要的角色。许多新范式或复杂的理论模型在诞生之初，都将通过隐喻表达出来。这些修辞手段对于赋予新现象及其意义起到了积极的推动作用，否则这些现象将难以被解释、被理解。因此，隐喻逐渐生成类别、组织过程，进而建立对立和层次的结构。

在传播学理论话语中，隐喻的使用是不难识别的。例如，在大众传播研究的第一阶段，人们使用的是皮下注射论，此概念又称子弹论或魔弹论、靶子论。传播学鼻祖威尔伯·L·施拉姆（Wilbur Schramm）曾对它做出如下概述："传播被视为魔弹，它可以毫无阻拦地传递观念、情感、知识和欲望。它是一种建立在大众社会论基础上的受众观。用大众社会论的受众观看问题，我们眼前呈现的是一大群呈原子结构的、沙粒般的、分散的、无防护的个人，这些个人在大众传媒有计划、有组织的传播活动面

---

① （美）莱考夫，（美）约翰逊. 我们赖以生存的隐喻[M]. 杭州：浙江大学出版社，2015.

前是被动的、缺乏抵抗力的。因而，它们所传递的信息在受传者身上就像子弹击中躯体，药剂注入皮肤一样，可以引起直接速效的反应；它们能够左右人们的态度和意见，甚至直接支配他们的行为。"由此可见，隐喻在一个新的研究领域的含义建构中是起到重要作用的。隐喻为理解新领域提供了一个模型，提供了一个词汇表，并指明了继续探索的方向。与此同时，隐喻往往有助于研究人员向公众传播一个新概念。例如，在19世纪80年代，细菌是一个隐喻，表达了对所有隐形敌人的恐惧，无论是军事、社会还是经济上的敌人。此外，阿尔伯特·爱因斯坦的相对论也运用隐喻的手法向大众解释他的观点，他用隐喻性的手法解释相对论，"和一个漂亮女人坐在一起一个小时，看起来就像一分钟。不过，在热炉子上坐一分钟，好像要坐一个小时。"

隐喻和类比是人类认知的基本方法[①]，通过类比事物进而理解新事物是人类思维的习惯之一。生态隐喻方法即指通过隐喻性的类比，将生态学的原理和知识映射到另外一个研究领域中，从而将有可能给新的研究领域带来新的启示的一种方法。

2.1.3　新生态：媒体、个人与社会

随着20世纪60年代末环境意识运动的开始兴起，这些方法思想传遍了美国社会和其他科学领域，如社会学、经济学和语言学。《生态学基本原理》(*Odum and Odum*，1953)将此发展定义为"新生态"。什么是"新生态"？新生态的兴起是对科学技术整体主义的回应。基于不同隐喻，传媒生态学者提出了一种新的关系概念：媒体、个人和社会之间关系的新概念。

解释（I）：媒体作为环境

媒体生态可以简化为一个基本的概念。例如，通信技术——从写作到数字媒体，改变了大众的生活方式及环境。波兹曼认为"生态"一词意味着对环境的研究，研究包括环境的结构、内容和对人类的影响。同样，麦克卢汉在《理解媒介》中解释道，数字技术的影响作用在人们的观点或概念的层面，其稳步地、毫无阻力地改变感官感知的方式和平衡比率，让人体感官功能发生分裂现象，形成感觉之间的比例偏差，导致不同程度的感官偏向。当马歇尔·麦克卢汉提出"媒介即讯息"时，尼尔·波兹曼提出了"媒介即隐喻"的观点。波兹曼认为，每一种媒介都为思想和情感的表达提供了一个新的方向。它们把人类世界分类、排序、放大、缩小、上色，为存在于世界的一切提供证据，因而不管我们运用何种媒介来感受世界，这种"世界观"已经在不经意间被各种媒介的组合定义及解说。这种对生态隐喻的解读可以定义为媒介生态的环境维度。在这种解读中，媒体创造了一个围绕个体的"环境"，并塑造他们的感知和认知。

---

① 汤建民. 生态隐喻方法论[J]. 重庆邮电大学学报（社会科学版），2008（02）：68-72.

解释（Ⅱ）：作为"物种"的媒介

媒体生态学的第一代旗手哈罗德·伊尼斯（Harold Innis），研究了一种综合不同媒介和社会经济进程演变的整体方法，提出了著名的"传播偏向论"，将经济学和传播学引入历史学的话语分析模式，并且从媒介形态出发，演绎了媒介形态演变所产生的社会结构变更和文化制度变迁。例如，19世纪铁路和电报的并行发展，进而引发了"媒介间竞争"的通信系统概念：书籍和报纸的竞争、报纸和广播的竞争、广播和电视的竞争等。在这个媒体生态中，各种不同的媒介形态相当于不同的物种，它们需要在生态中竞争、生存，进而创造了新型的社会文化。对此，尼尔·波兹曼也曾提出媒体生态的作用："媒体生态让我们知道电话系统的使用，电影及书籍的类型以及广播的节目分类等"。由此看来，作为"物种"的媒介需不断强化自己，吸引大众，才得以在媒体生态中存活。其同样遵循着达尔文（Charles Robert Darwin）的"适者生存，不适者被淘汰"的自然选择理论。此外，马歇尔·麦克卢汉的《四重奏》（McLuhan & McLuhan, 1992）以及《理解媒介：论人的延伸》的著作中，也指出媒体之间的关系是相互影响的。

可见，环境概念认为媒体生态是一个围绕着主体的环境，塑造主体的认知和感知系统，而媒体间的互动与竞争关系，又类似于生态系统中物种间的关系。因而，媒体从宏观层面上看，是作为影响人们的环境，从微观层面上看，它们是生态系统里互相作用及影响的物种。而这两种解释能否整合到一个框架中？在这种情况下，我们应该把媒体生态看作一个生态环境，里面包括不同的媒介和技术（即电视、广播、互联网、射频识别、移动设备等）、主体（即内容生产者、用户、读者、媒体研究人员等）和社会/政治力量（如法律制度）。在此生态系统中，研究媒体、社会与人的关系，即为新生态。

2.1.4　进化：媒体的生存斗争

探讨媒体生态隐喻并不意味着将生物学概念和范畴转移到媒体研究，而是以生态与进化的理论为出发点，通过引入一系列进化和生态研究领域的关键词来拓展媒体研究，对媒体研究提出新的问题与挑战。例如，对互联网发展的研究同样引用了进化论的观点，提出了"新媒体发展的自然生命周期模型"。

生态学是研究有机体及有机体与环境相互作用的科学。在此背景下，生态研究的重点是生态系统中有机和非有机生物的分布、多样性以及它们之间的关系。换而言之，生态学研究是从细菌群落到亚马逊雨林等不同组织、不同规模的有机体之间的网络关系。此外，生态学与其他领域和学科密切相关，如生理学、行为科学、遗传学。查尔斯·罗伯特·达尔文（Charles Robert Darwin, 1809-1882）在他的开创性著作《物种起源》（1859）中提出了全面的生物进化模型：有机物种在细胞分裂过程中由于暴露于辐射、化学诱变剂、病毒或有机体自身产生的复制错误而发生突变——它们的遗传物质发生变化。近年来，人类对遗传物质的操纵也促成了这一过程。突变是进化的重要来源，它代表着一个新的个体在生态系统中的出现。

1. 媒体的灭绝

从进化的角度看待媒体生态系统，将对媒体研究提出新的概念和问题。其一，媒体会灭绝吗？答案浮现在我们的日常生活中：从莎草纸演变到电报，从书籍演变到电子交互屏，从壁画载事到电视影播等。纵观媒体的历史，传统媒体将随着大众新的认知方式，而逐渐退出舞台，蜕变为新兴媒介。但媒体真的灭绝了吗？还是像麦克卢汉假设的那样，在"新"媒体的内容中生存了下来？

如果我们把媒体看作是一种技术支持（如书籍），它激活了一种实践（如阅读），而这种实践是由意义系统（如口头语言）实现，那么这些关于媒体消亡的问题可以在更复杂的语境中得到解答。媒体的技术支持可能会消失，例如，用于通信的电报机（图2-1）已被列为博物馆的藏品之一，现今已难寻电报机的使用痕迹，但其实践的意义系统却由其他技术实现。电报机的意义系统是使用电进行通信，其通信功能被近代的电话座机取代。再次，便携式手机逐步替代电话座机，已成为大众的必备生活品，形成了短信或推文式的"电报式"风格。

除此之外，打字机也可作为媒体灭绝论述的例子，但同时它具有延续性。打字机（图2-2）是用以代替手工书写、誊抄、复写和刻制蜡板而诞生的机器。其文字

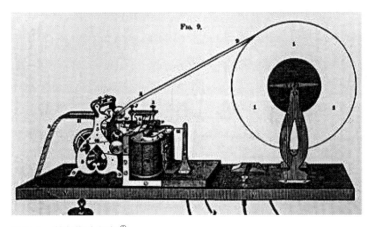

图2-1　莫尔斯电报机[①]

---

① 来源：百度百科（http://baike.baidu.com/item/%E8%8E%AB%E5%B0%94%E6%96%AF%E7%A0%81%E7%94%B5%E6%8A%A5%E6%9C%BA/7090448?fr=aladdin）

图2-2　打字机的"QWERTY"键盘①

字符键按照"QWERTY"顺序排列，分为三行。使用时，通过敲击键盘上的按键，该按键对应的字模将会被打击到色带上，从而在纸质媒介或其他媒介上打出该字符。如今，打字机几乎已经消失，但其配备的"QWERTY"打字序列及空格、回车、换行等一些功能键在个人电脑、笔记本电脑和平板电脑中得到了延续。同样，页面——是文本界面的基本单位，其作为记录数量的度量单位已拥有2000年历史——但现在仍然可以在手写手稿、印刷书籍和网页（Web）中找到页面作为文本的基本度量单位的功能。

　　抄本书籍虽已经绝迹，但我们使用抄本书籍进行翻页时的手势及习惯，体现在我们的交互屏幕上。此外，媒体技术作为传播介质功能的消失，并不代表其意义的消失。例如，意大利中部的伊特鲁里亚语，它虽在公元100年灭绝，但墙壁、硬币和便携物品仍被用作书写，将伊特鲁里亚语流传了几个世纪。这些关于媒介消亡的问题，是当今各国学者讨论大众传媒可能走向终结的热门话题。

　　著名的达尔文主义的生存斗争理论，以及其他生态学和进化隐喻观点，不能完全自动地应用于媒体进化的研究中。在媒介生态学中，有可能存在一种集体斗争，在这种斗争中，不同的行为者、消费者、生产者、政治机构、经济团体、技术公司等为媒介的发展创造条件。如果生物进化和生存是基于达尔文的自然选择、考夫曼的自组织和马古利斯的共生过程理论的结合，那么媒体的出现、生存和进化就是建立在媒体生态中技术、主体和机构之间建立的关系之上的②。例如，20世纪20年代出现的无线电是

① 来源：百度百科（http://baike.baidu.com/item/%E6%89%93%E5%AD%97%E6%9C%BA/408952?fr=aladdin）

② Carlos A. Scolari. Media Ecology: Exploring the Metaphor to Expand the Theory[J]. Communication Theory, 2012, 22（2）.

在许多不同因素之间建立的关系中存活并发展下来的，如发射机和真空管设备的完善，以及无线通信人员夜以继日的研究。同样的道理也适用于QWERTY键盘，它的发明是为了降低打字速度，从而避免了19世纪机械打字机的崩溃。古尔德·奎尔迪（Gould Qwerty）曾道："幸运的、不太可能的在职地位的上升是由一连串的情况造成的，每一种情况本身都是优柔寡断的，但对于最终的结果来说，这一切可能都是必要的。"打字机生产商、打字学校、打字手册出版商等的参与，扮演了这项新技术发展的不同角色，导致了QWERTY键盘延续至今。

"间断平衡"（Punctuated Equilibrium）理论最早来源于美国著名古生物学家古尔德（Stephen Jay Gould）提出的一种有关生物进化模式的学说。此学说完善了达尔文的进化理论，认为生物的进化并不像达尔文提出的是一种缓慢的、连续的、渐变的积累过程，而是长期的稳定与短暂的剧变交替的过程。对于进化中物种的"大灭绝"和"大爆发"，古尔德提供了另一种解释：物种的进化和新物种的产生不可能发生在一个物种群体所在的核心区域，只能发生在生存压力大、环境复杂的边缘地带，这种边缘地带的隔离性提供了物种变异的合适环境，进而成为新物种。"间断平衡"理论最初为有机物种开发的，现已应用到其他领域。例如，学者莫雷蒂对1740年至1900年文学流派演变进行了以下解释：18世纪60年代末、90年代初、19世纪50年代、20世纪20年代末、70年代初和80年代中后期六次主要的文学创作爆发并不是随着时间的推移而逐渐变化，而是"这个系统几十年都静止不动，然后被短暂的发明而打断，随后觉醒爆发。"

2. 媒介间的进化

媒介生态学家将间断平衡的概念应用于媒介的进化和语言中。媒介生态学家洛根（Logan）的研究指出：文字、语言、数学、科学、计算机和互联网等语言的进化都发生在近5000年的时间里。"在这个时间框架里，智人的生物进化是微不足道的。"当前，在21世纪初，我们正目睹着新媒体种类（网页、博客、维基、社交网络、视频游戏、移动应用等）的爆炸式增长。学者们通过对媒体间关系进行分类并加以扩展，认为在他们生活的特定时期，媒体间可以相互合作。例如19世纪铁路和电报的合作，或者电影、电子游戏和喜剧产业之间的协同并进。这些协同作用不仅影响到生产，还涉及相关媒体的叙事、大众的审美以及大众的消费实践。这一过程可以看作是媒介间共同进化的例子①。

在生物领域，寄生也可产生共同进化。这种理论同样也可运用在媒体间的共

---

① Carlos A. Scolari. Media Ecology: Exploring the Metaphor to Expand the Theory[J]. Communication Theory, 2012, 22（2）.

同进化中。我们可以分析一个"宿主媒体"物种（万维网）和它的"媒体寄生虫"（Twitter、Facebook、谷歌等）之间的共同进化。网络的普及和万维网平台的出现，提供了各种社交网页及其他平台生存的环境，让大众的需求得以讲述，在实现个性化的同时也愈来愈离不开网络信息时代带来的便利。除此之外，媒体也可能建立捕食者与被捕食者之间的互动关系。例如在20世纪50年代，电视以电影和广播内容为食、以审美和观众为食。而今天，新媒体的出现，则捕食了传统的广播媒体。

3. 人与媒体的进化

共同进化是媒体生态学的一个关键概念。在生物学领域，共同进化（Coevolution）也称相互进化，指不同物种之间、生物与无机环境之间在相互影响中不断进化和发展。共同进化可以发生在多个层面，例如，从蛋白质中的氨基酸之间的微观突变到物种之间的宏观突变。在共同进化关系中，每一个物种都将对其他物种施加选择压力，从而影响彼此的进化。从媒介生态学的角度，则可以分析两种或多种媒体间的相关突变。例如，书籍与其他媒体的共同演变。在20世纪初的音乐录制，其采用了书籍制作的发行模式。大众可以到指定的商店购买黑胶唱片和书籍进而获取音乐内容。而在21世纪初，数字音乐已经开始在数字图书（从iTunes Store到iBook Store）上实施新的制作和发行模式。由此可见，音乐从实体黑胶唱片媒介演变成了数字化音乐，而书籍也从纸质媒介演变为数字化信息。这是两种媒体间相互作用并相互进化。其决定容貌外表的基因虽已发生突变，但却在媒体生态中进化而存活。这种进化方式同时也是媒体与消费者之间的相关突变。媒介生态学家斯科拉里认为，如果每个文本都构建自己的读者，每个界面都构建自己的用户，那么每个媒体都将构建自己的消费者，这将可能导致20世纪的图书读者将难以阅读13世纪的法典。而在完美的视听效果下成长的年轻观众将可能对20世纪70年代的电视连续剧感到无聊。消费者（读者、观众、用户）如何与他们的媒体共同进化？这些相互作用的适应过程可以通过提出新的问题和假设来扩展媒体生态学的研究领域。由此可见，媒体进化维度的研究对传播学研究提出了新的挑战。灭绝、间断平衡、进化和共同进化等概念丰富了媒体生态学词典，扩大了该领域的研究理论。

一种媒体的存活将是符合社会的需求，是存活于社会关系架构之上的。媒体与社会应相互影响、相互依存，在催生个体特征的同时，也受到大众审美的认同。在博物馆场域中，媒介的运用将拉近博物馆与观众的关系，是博物馆与观众关系网的稳固剂。在博物馆的媒体生态中，各种媒介间的生存斗争，即通过对比各种媒介的传播效果，而采用更好的媒介传播方式进行文化信息的传递。这种"媒介进化"将更好地服务社会、群众，进而完善博物馆场域，创造数字化博物馆，在新兴媒介不断更新及发展的时代实现无墙化。

2.2 无墙的实现——博物馆+媒体

从远古时代开始，传统博物馆展出的方式仅限于引导观众进入陈列室观看原创作品。由于展览空间、场地和时间等因素的限制，观众并不能与展品进行直接接触。在当时，博物馆看起来就像一个古老的仓库，让人无法接近，并伴随着遥远的距离感。早在1846年，史密森学会（Smithsonian Institution）成立时便提出了博物馆的使命，即"增进和传播人类的知识"。一些研究人员认为博物馆的传播功能与大众媒体是紧密联系在一起的。再者，博物馆是一个庞大的大众媒体，如何利用自己的资源信息有效博得观众眼球，是与其他媒体竞争观众的关键。

2.2.1 吸引观众——博物馆与大众媒体

博物馆学家沙龙·麦克唐纳（Sharon MacDonald）强调"博物馆与其他机构、媒体有着很多明显的共同之处"，罗杰·西尔弗斯通（Roger Silverstone）也认为博物馆事实上从事着传播行业，它为大众提供旨在教育、宣传和娱乐的工艺品。西尔弗斯通进一步指出，博物馆的功能与其他当代媒体有相似之处，即博物馆提供娱乐方式的同时传递信息，它们通过讲故事构造一件藏品的特征。博物馆通过取悦观众的方法，留住观众进而实现教育的职能，把观众认为原本不熟悉或难以接近的藏品变成可熟悉或可接近的事物。其次，博物馆的目的需与20世纪晚期的大众传媒文化相联系。西尔弗斯通提出了博物馆是一种什么样的媒介，博物馆如何与电子媒介文化联系起来。同时，他也认为，博物馆与报纸、广播或电视等大众传播媒体之间存在着明显的差异。博物馆占据着物理空间，包含着各式各样的展品，并鼓励与观众互动，而这种交互范围并不适用于大众传播媒介。

虽然博物馆与广播媒体的互动程度存在差异，但正如社会学家海纳·特雷宁（Heiner Treinen）所言，博物馆观众与大众媒体观众的行为有着惊人的相似之处。特雷宁（Treinen）发现，参观博物馆的人与使用大众媒体的人有一种共同的行为方式，即一种无目的、无计划地寻求获得和保持永久性的刺激或消遣的活动。这种现象被特雷宁（Treinen）称为"主动打盹"（Active Dozing）。他认为，在博物馆中，这种"主动打盹"的现象经常发生在观众伫立在藏品橱窗前的时候。在观众眼里，博物馆类似于大众媒体，他们在参观博物馆之前就已经预想到将在藏品面前逗留一定的时间。只要他们对物品的类别、属性及结构有所了解，那么观众的几次扫视就足以辨别出该藏品的特征，进而激发观众的思考，补充知识，而藏品的其他信息将被当作参观博物馆时的消遣。这表明，大多数博物馆观众并没有得到充分的藏品信息。同时，沙龙·麦克唐纳（Sharon MacDonald）认为当今博物馆需与广泛使用信息技术来吸引观众的媒体竞争。因此，博物馆需将藏品信息和娱乐结合在一起，实施寓教于乐的展览策略，才能最大化地增加观众数量。博物馆学者乔治·麦克唐纳（George MacDonald）和斯蒂芬·阿尔斯福德（Stephen Alsford）在博物馆如何与主题公园竞争并赢得观众的研究中发现，当观众在特定的场所交流与学习时，应创建该场所与观众的动态学习的双向过程，在此过程中完成信息的传播。

2.2.2 数字化策展——博物馆与信息技术

20世纪80年代，博物馆学的范式发生了转变，人们开始质疑物品的重要性，转而支持信息的重要性。学者威尔科姆·E·瓦什本（Wilcomb E. Washburn）建议博物馆工作的重点应放在信息上，而不是物体上。学者乔治·麦克唐纳和斯蒂芬·阿尔斯福德则描述了博物馆具有信息传播的功能，说明博物馆需更加注重信息传递，而不是物质本身。学者霍普-格林希尔（Hooper-Greenhill）则认为博物馆不再是物品的仓库，而是"知识和物品的仓库"。

随着博物馆学范式的转变，博物馆教育与观众学研究的重要性日益增加。梅洛拉·麦克德莫特（Melora McDermott）和盖蒂教育和艺术中心（Getty Center for Education and the Arts）在观众兴趣的研究报告指出，观众认为博物馆物品总体鉴赏的信息，特别是艺术信息，在参观过程中显得尤为重要。倘若无法获得此类信息，观众将缺乏理解博物馆藏品的钥匙，进而无法连接博物馆对象。因此，他们只能看到几秒钟的物体。正如劳拉·查普曼（Laura Chapman）所说，"物体为自己说话"的概念忽略了物体本身的意义是需要通过观众的学习和理解构建的。特雷宁（Treinen）也强调了语境的重要性以及博物馆如何进行藏品隐含信息的传播。他认为观众的理解是博物馆藏品隐含信息传播的关键。博物馆不仅要展示物品，而且需创造有意义的展示环境。因此，博物馆的重要展示作用之一是连接观众、藏品和信息。格伦·H·霍特曼（Glen H. Hoptman）称这种关系为博物馆的"连通性"（Connectedness）。霍特曼（Hoptman）则认为这种连通性是"数字化博物馆"的基本特征，因为它试图在综合媒体的帮助下呈现博物馆信息的跨学科性，而互联性是"数字化博物馆"超越传统博物馆展示信息能力的特质。霍特曼（Hoptman）就关于连通性的概念做出了阐释，并借此揭示了"数字化博物馆"的价值：数字化博物馆的概念解释了博物馆如何克服传统呈现信息的方法所带来的参观限制。换而言之，数字化博物馆为一个展览主题提供了多层次、多维度、多观点的策展方式。

刘易斯·芒福德（Lewis Mumford）强调了传统博物馆与"数字化博物馆"的重要区别，即真实的和数字的对象。与此相关的是，沃尔特·本杰明（Walter

Benjamin）在1936年发表的著名文章《机械复制时代的艺术作品》（*the Work of Art in the Age of Mechanical Reproduction*）中，认为复制的艺术作品缺乏独特的品质，而这种品质被称为艺术品的"光环"。正如特拉维斯·迪尼科拉（M. Travis DiNicola）的研究表明，本杰明的文章与艺术作品的数字化复制有关，引起了博物馆学家和专家的广泛重视，但对普通的博物馆观众来说，显得并不那么重要。约翰·H·福尔克（John H. Falk）和林恩·D·迪尔金（Lynn D. Dierking）的研究表明，从观众的角度来看，博物馆的体验由三个语境组成：其一，个人语境下的个人经验、知识和动机；其二，社会语境下，参观时的社会环境；其三，博物馆建筑结构以及建筑内物体间关系的物理环境。正如福尔克和迪尔金所强调的那样，"参观博物馆涉及个人的兴趣，以及对参观时周围环境的期望。"观众希望在参观环境中看到内容。但也如前文特雷宁（Treinen）的"文化橱窗购物"（Culture Windows Shopping）指出，大多数博物馆游客并没有从他们的参观中得到全部的藏品信息。在这一背景下，福尔克和迪尔金的研究认为观众的博物馆体验高度依赖于观众的期望，以及这种期望与实际博物馆体验的契合程度。

2.2.3 用户体验的发展——无墙的导航

国际理事会的章程曾道，博物馆（ICOM）是"为社会及其发展服务的非牟利永久性机构，向公众开放，以教育、学习和享受为目的，获取、保存、研究、传播和展示人类有形和无形遗产及其环境。"因此，博物馆的一个重要作用就是让它的遗产成为我们生活的一部分。基于此，博物馆的数字化已成为学术界和公共部门的共同追求。博物馆的连通性并不仅仅意味着将物品连接在一起，而是通过观众与博物馆的互动对话，让观众有机会关注博物馆藏品的本质特征。这是迈向无墙博物馆的重要步骤。正如霍普-格林希尔（Hooper-Greenhill）强调的那样，数字博物馆教育的理想目标是以藏品为导向（Collection-Driven）的传统博物馆将跨越到以观众为导向（Audience-Driven）的无墙博物馆。

近年来，用户体验一直是博物馆数字化过程中不可缺少的因素。学者比尔（Beer）曾道，博物馆观众每次到现场参观的时间不到一分钟。因此，如何通过延长艺术欣赏的时间，通过采用各种机器提高观众的知识，成为数字化策展研究的一个新分支。一些研究结果表明，观众在博物馆的体验可以通过互动和身临其境的环境来提升。因此，传统展示藏品的方法逐渐被主流的信息互动方式所取代，以增强观众的感官刺激和参观时的真实体验。基于此概念，用户体验的讨论可以分为四个方面，即可视化、个性化、交互教育和重新包装。这些关键元素可以为观众提供宝贵的体验，并有助于改善观众、策展人和博物馆之间的沟通。

分析数字化的挑战和局限性，提供最佳的观看体验是数字化策展发展的关键一步。在数字博物馆的实施中，人与人之间的关系集合比编译本身更重要。因此，关于馆藏数字化的目标和面临的问题，博物馆中用户体验的发展现状将为博物馆的无墙化提供可能。

其一，非正式信息的可视化（Casual Information Visualization）。

可视化的特点是数字博物馆用户体验的关键。在此之前，可视化系统主要是通过复杂的基于技术的界面和交互实现的。例如，Solid Software Xplorer（SolidSX）是一个Windows工具，用于创建高分辨率的图像结构，以便用户理解和检查由.NET微软平台提供的语言设计应用程序。再比如，犯罪地图是由执法机构（LEA）采用的一种地图，用于显示和分析不同的犯罪模式。这种情况在过去几年一直在改变。非正式信息的可视化（Casual Information Visualization, Casual InfoVis）的概念已经引起了数字化策展界的注意。非正式信息的可视化是专为没有特殊资质或只是随意参观博物馆的观众设计的。这一观点来自于对其他信息系统、社会可视化和艺术家视觉作品的熏陶。传统信息系统（Traditional InfoVis）与非正式信息系统（Casual InfoVis）的区别在于用户数量、使用模式、数据类型以及目标的不同。这些信息可以通过计算机介导的应用程序加以说明。

非正式信息的可视化可以说是文化组织中乌托邦的雏形。然而，这一概念的实现和结果仍然依赖于交互界面、数据库和个性化框架等不同组件的集成。随着数字博物馆的发展，为了有效地评估参观者的行为，提供最佳的解决方案，这一理论为开发者和策展人提供了强有力的支撑。

其二，个性化。

个性化关注是"通过建立一对一的关系来建立客户忠诚度"的一种方式[1]。荷兰科学研究组织NWO开展了博物馆信息技术项目的研究，创造了一种博物馆参观的体验。在观众进行博物馆参观前，可通过在线对藏品进行评级，并建立个人的参观路线，而在参观完成后，观众可对自己感兴趣的藏品进行二次观赏。此外，麻省理工学院则提供了观众自由筛选组合信息的机会。观众可以从不同的网站收集数字内容并进行组合审阅。以上两个项目均体现了其不同的特性。

其三，互动和教育。

在未步入信息化时代以前，博物馆的展览往往由藏品及有限信息的展板完成。这样的展示方式有许多负面的影响。比如在参观时，观众与藏品间的距离，容易让观众感到孤立而因此失去了教育意义。正如斯帕索耶维奇（Spasojevic）和金德贝格

① Yu-Chang Li, Alan Wee-Chung Liew, Wen-Poh Su. The digital museum: Challenges and solution[P]. Information Science and Digital Content Technology (ICIDT), 2012 8th International Conference on, 2012.

（Kindberg）指出，博物馆展览应与可扩展的参观体验、藏品与观众的适当互动相结合①。通过在游客和艺术品之间架起一座桥梁，这种互动活动可以将艺术带入我们的生活②。博物馆就像一个"多维度的教育机构"，观众可以检索内部信息，亦可获取额外的资源。因此，策展者利用技术逐渐丰富交互式博物馆的组成，如基于网站（Web）的构建、虚拟现实（VR）或增强现实（AR）。

科技与艺术的发展孕育了新媒体艺术。大众在新媒体环境下求同存异，满足其个性化需求。他们想要了解更多的一手信息，通过自己的眼耳口鼻以及切身体验，来认知新鲜事物。这是观众审美带来的无墙。无墙博物馆借助新兴媒体技术，将博物馆文化信息双向传播给观众，即观众可接收、可反馈的双向传播渠道。这种形式打破了信息传递过程的不完整、不理解，即为无墙博物馆。

① M. Spasojevic and T. Kindberg. A study of an augmented museum experience[R]. Hewlett Packard internal technical report, 2001.
② CoulterSmith. Deconstructing installation art: Fine art and media art 1986‑2006[J]. Casiad Publishing, 2007.

第 3 章

场域与叙事的
关系解析

3.1 无墙博物馆的场域与叙事关系

博物馆作为展示特定信息的媒介，其场域记录着历史发展演变的过程，它在叙事过程中扮演着修辞功能，场域不等同于简单意义上的空间和场景，因此如何界定无墙博物馆的场域范围和场域边界的问题，是关乎确定它与叙事关联的问题。场域有着从地理空间延伸到其他内部他物的趋向，从更广泛的意义上讲与背景、场景成为近义词。场域的主要功能为给故事的发生提供一个叙事空间，并让叙事内容显得真实可信。因此，在无墙博物馆叙事过程中场域对叙事有着三种基本功能：气氛渲染、记忆输送和情感社交。其中任何一种功能或者所有这些功能在明确主题的叙事过程中承担重要作用，这取决于叙述主题和叙述目的。

3.1.1 场域叙事的必然——传承性

郑欣淼先生曾在对故宫博物院的总结中说道：故宫博物院的创立有力地保护了封建统治者聚集的最珍贵、最具有代表性的民族文化遗产，并开放于社会，服务于社会[①]。中国博物馆的发展最初是在西方博物馆制度的渗透下产生的，南通博物苑作为早期国人自己开办的博物馆，从历史角度看是中国从封建社会走向现代化、全球化的重要开端。博物馆的展品、陈列展示、藏品分类以及空间布局等，一方面展现出国人抵制西方殖民扩张的爱国之心，另一方面启发国人对外界世界的想象与交流，它在一定程度上改变了国民的传统史观和宗教信仰，成为国人看世界的一个窗口。随着国内博物馆的纷纷建立，丰富的标本矿石、古生物遗骸、文物古董的有序成列摆放，无一不显示出了中国古老文明的深厚底蕴。它为我们寻找本民族的生存坐标提供了证据，博物馆作为以收藏为基本职能的场域，源源不断地吸引一代又一代的人们追寻历史。

---

① 郑欣淼. 故宫80年与中国现当代文化[M]. 故宫与故宫学. 紫禁城出版社，2009：57-58.

3.1.2 场域叙事的表达需要——教育性

第二次世界大战后，全球各民族博物馆以及珍贵的文物建筑遭到严重损坏，各国采取了大体一致的保护措施，除对个体文物的单独性策略保护，还按地区编制应该保护的历史纪念物目录，积极与自然环境保护配合，把历史古遗址、具有历史意义的区域相对稳定地保存在城市和农村自然环境中。文物的流失以及修复工作成为政治文化工作的中心，以宣扬爱国主义、民族主义的博物馆、纪念馆以及遗址成为公众教育不可替代的场所。这些场所是如何进行叙事的表达，又如何从大量的历史信息元素中筛选叙事要点对公众实行教育，叙事的逻辑是如何展开的，这是场域叙事研究的有效观测点。

以柏林犹太人博物馆为例，它采用如下叙事策略在特定的场域中进行叙事需求表达以达到教育目的。柏林犹太人博物馆又称"柏林犹太纪念馆"，位于德国首都柏林第五大道和92街交界处，它于第二次世界大战后建立，并成为柏林的代表性建筑物，其展示的内容与目的主要是记录和展现犹太人在德国前后共约两千年的历史，其中德国纳粹迫害和屠杀犹太人的历史是展览中的重要部分。德国柏林犹太人博物馆的展览主要分为常设展和特展，常设展的内容主要涵盖了犹太人两千多年的历史进程以及文化创造，因此也称"德国犹太历史两千年"，展览划分为14个部分（表3-1），由于犹太人问题的不断深入探讨，常设展览也在不断的变化和调整。从这张表可以看出，在博物馆的场域中对于犹太人故事叙述的展开，以清晰明了的时间线索以及充分的史料证据，还原给人一个真实的犹太人历史发展进程。无疑这种叙事的手法，更深层次地传达出对和平、种族歧视、战争等话题的深思。

德国柏林犹太人博物馆常设展览内容一览表[①]　　表3-1

展览名称	展览的主要内容
曙光	原始犹太人迁徙至欧洲大陆中心的历史过程
亚实基拿人的中世纪世界	以斯派尔、美因兰社区为中心
哈梅恩	犹太女人哈梅恩的故事
乡村与法院中的犹太人	再现18世纪犹太人的明显等级划分
摩西门·德尔松与启蒙	颂扬德国犹太人对理性启蒙的贡献
传统与变革	强调启蒙运动的影响
同处一时的德国人与犹太人	展现19世纪中期犹太人与德国人的融合，并形成了德国民族认同与统一化的过程

① 吕文静. 博物馆公共教育模式研究[D]. 北京：中央美术学院，2011.

展览名称	展览的主要内容
现代犹太主义的兴起	展现第一次世界大战前后的犹太人状况
现代化与城市生活	
东方与西方	
德国犹太人——犹太德国人	
现在	对第二次世界大战中犹太人所面临的屠杀、驱逐与歧视及其原因进行阐释与探讨

柏林犹太人博物馆除展示陈列的常设展览和特展外，其本身的建筑设计就是静态的叙事。博物馆的设计者，丹尼尔·利伯斯金（Daniel Libeskind）将空间分为实体空间与虚空空间，他设计的"虚空"通过建筑的形态表达出来。从入口前行，有三道岔口，分别是通向不同命运的三条轴线——死亡、流亡和延续，它预设着参观者将要面临的命运。这种感官上的体验不同于文字影像，它真实而深刻的现场感带给观众无助、绝望和悲切的情感体验，传达出种族灭绝大屠杀的恐怖回忆。"死亡之轴"（图3-1）中的屠杀塔位于馆体之外的一个附属建筑，呈现不规则四边形，高塔里空荡，四面墙向中间收紧使得整个纪念塔都渲染出阴森、晦暗和紧张的基调。透过微弱的光线，脚下是犹太遇难者成堆的尸骨，置身其中迎面感受到受害者临终前的绝望和无助。而"流亡之轴"（图3-2）则是穿过明亮的玻璃通道到达室外花园，去到外面，花园四周包围着水泥墙，倾斜的石片地面上，如迷宫般交错竖立着水泥柱，参观者可以在其间穿行。抬头所见天空被撕

图3-1　死亡之轴

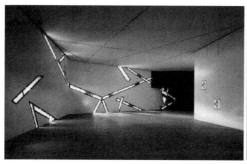

图3-2　流亡之轴

图3-3　延续之轴

裂，象征那些遭放逐的犹太人的艰难处境。"延续之轴"（图3-3）是三条通道中的最后一条，也是最长的一条，这条通道因拥有六个"虚无"的展厅而出名。在"秋之落叶"的展区中，地板上铺盖着10000个铁铸人脸，每个人脸的大小跟手掌相切合，仿佛呐喊的灵魂。无疑，柏林犹太人纪念馆是用其自己的设计语言赋予建筑的责任和使命，让叙事在建筑中展开，不仅讲述了犹太民族的历史，同时又触发了人们对当下和未来的思考。

随着博物馆定义的不断修正，博物馆的教育职能越来越凸显为首要职能。人们通过博物馆空间了解到自然、历史、地理、艺术、科学等知识，从过去穿越到未来，通过对器物的诠释将信息传达给观众，博物馆以诠释物品和它的意义来达到教育目的。

3.1.3　博物馆职能扩展——娱乐性

20世纪70年代，彼得·弗格（Peter Vergo）提出新博物馆学。新博物馆学要求把重心放在社会上的人，强调"以人为中心"的思想，这使得博物馆不再局限于相对狭隘的建筑空间，而是以全方位、整体性与开放式的思维方式来观察世界、理解世界[①]。随着新博物馆学的推进，更加强化了博物馆在公众教育、社会责任、社区发展等问题上的关注，而博物馆在娱乐、虚拟、多媒体等方面的运营和实践日益成为研究和话题热点，以围绕藏品为中心的传统博物馆逐渐转向以观众为核心，以观众的需求为出发点探讨未来博物馆的发展趋势和走向。首当其冲地应打破以往博物馆的高冷姿态，它不再是建立国家或民主基石的文化标志，更多的成了为公众提供服务、娱乐休闲的地方。web2.0时代的到来为博物馆文化的展示提供了新的体验模式，与之传统的web1.0模式中由精英主导的自上而下的信息生产和传播模式相比，web2.0则更多地注重观众（用户）参与的积极性和娱乐性。古文物展品的叙事题材以及叙事场景无一不是建立在热闹的文娱活动中，这些娱乐性的叙事画面和故事与博物馆的观看体验相结合，在身心放松的环境里呈现更有意义的体验感。

2018年经典广告案例中以H5互动形式推出的《第一届文物戏精大会》（图3-4），浏览量达到70051人之多，其评分高达9.2分，画面中将七大博物馆代表性文物进行活化，唐三彩胡人化身Popping Dancer跳起了"拍灰舞"，Rapper兵马俑生动的舞蹈与时下的流行元素相结合，使文物与现代生活中的文化紧密相连，极富有乐趣。将抖音这种大众媒介作为宣传渠道，使博物馆变得不那么严肃刻板，web2.0下的博物馆从推广宣传到场馆设计、叙事性构建都密切关注人们的需求。

图3-4　H5互动形式的《第一届文物戏精大会》

---

① 甄朔南. 什么是新博物馆学[J]. 中国博物馆，2001（01）：25-32.

3.2　氛围渲染：表征场域的空间叙事

作为传播历史文化、叙说历史事件的场域，空间构成了人类与历史沟通和交流的一种媒介。空间是我们每个人生活所接触和生存发生活动意义的场域。空间因为人展开的不同活动被赋予不同含义，而且被人们赋予不同的情感[①]。同时也在很大程度上影响和触动了人的情绪，渲染了事件发生的环境氛围。

3.2.1　场域空间与叙事关联

1. 场域是"物"叙事的存在方式

器物的历史背景通常浓缩在它所承载的时空场景中，诺伯格·舒尔兹曾说过："人们对于空间的兴趣，在于追逐其根源的存在。人们抓住了他们与环境的关系，为其事件和行为赋予意义和秩序。"这就是"存在空间"的产生。博物馆承载着历史的遗迹，历史叙事的场域不仅仅体现在人类行为的物理空间，它还体现在历史的证据、叙事动机以及历史的结构等多方面，它构成了整个历史叙事必不可少的基础。脱离了历史文化语境的展品，很难给观众带去兴趣。在满足观众需求和传达作品含义的双向需求中寻找一个平衡点，最好的途径就是给其不同的器物营造不同的空间语言情境。

广东省博物馆的潮州木雕馆为完整的讲述木雕文化的历史，将展览分为三大部分，参观者进入展馆大门（图3-5）就如同进入一个传统岭南民居的处所，门头的牌匾印章以及入门的两扇大寿屏将整个大厅的肃穆和庄严的气氛渲染得当。在展示空间内部讲述木雕的制作工艺时，采用人工造景的方式，让观众一目了然地观看到木雕的制作流程以及工具的使用步骤，如图3-6为潮州木雕的制作工艺流程场景。对木雕的建筑装饰的叙述，展览将其融入日常生活的场景中，通过不同房间的空间营造将木雕家具的摆放位置

图3-5　展厅入口

---

① 高洋. 理性的困惑——康德认识论模式观照下对感情的分析和考察[J]. 昆明大学学报，2008，19（04）：1-4.

图3-6　潮州木雕的制作工艺流程场景

清晰明确地展现出来，并配上图纸解说来阐释木雕在日常生活中的使用，还原一个较为合情合理的场景语境。通过片段式场景的拼接共同营造出潮州木雕的文化，场域的环境语境和物的展览信息的结合，使它们之间明确地形成叙事话语向观众传达着信息。

2. 场域是构成集体记忆与身份认同的空间

集体记忆（Collective Memory）作为一个心理学范畴的术语最早由社会学家莫里斯·布瓦赫提出，他认为集体记忆是在特定的社会群体里的所有个体所共同构建的记忆。集体以及之所以能够得以形成和延续，一个主要因素是这种"历史知识"对于个人和群体自我认同的形成起到至关重要的作用。在学界中比较一致地认为：所谓集体记忆是各种各样的集体所保存的记忆，它是关于一个集体过去全部认识（实物的、实践的、知识的、情感的等）的总和。[①]皮埃尔·诺阿则将记忆中的场景分为传统记忆空间和现代记忆空间。现代的、机械的记忆空间即"记忆场所"即借助外界符号来代替我们进行回忆，如纪念馆、古遗址、博物馆、节庆日等。这些记忆场所一旦形成记忆载体，其所呈现和塑造的记忆便不再独立于权威话语的操控，也不再是那些真正深植于有机的社会生活和生命中的现存记忆，而是成为话语建构的叙事。[②]我们从集体记忆系统要素间的关联性（图3-7）看出记忆载体（记忆场所）在主客体间扮演的桥梁作用，因此，在博物馆的虚拟构建和真实构建过程中，有相当一部分博物馆会选择保留或复原具象的时代场景作为展品展陈的基调或背景，包括采用大面积的装

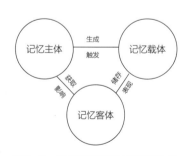

图3-7　集体记忆系统要素间的关联性

---

① 祝虻. 中国传统宗族记忆与身份认同[D]. 芜湖：安徽师范大学，2015.
② 燕海鸣. 博物馆与集体记忆——知识、认同、话语[J]. 中国博物馆，2013（03）：14-18.

饰纹样和图案作为特定时代的记忆符号，与空间设计结合，组建具有地方特征的记忆场域。这便是场所形成的特定时代与事件的追忆对人形成的空间的既定特征与思维定式。

3.2.2　群体记忆的历史空间叙事

对于具有特定功能和意义的场所空间，博物馆将其元素具象化，采用不同的媒介诠释用以区别其他场域的叙事。尤其以历史场域、革命遗址或宗族祠堂等，场域的认同功能强调人对物体或环境的特殊情感表达，以满足人们对精神情感的寄托与身份认同。认同的概念早期由弗洛伊德提出，他指出"个人与他人、群体或模仿人物在情感上、心理上的趋同的过程[1]。"从莱布尼茨到康德，在身份认同概念的界定上给出过相应的解释。而中国历史上，身份认同多处于被动状态，他们的身份大多是固定的族群身份，宗族集体活动以祠堂作为要点。场域的形成同样也代表了家族或宗族之间权利的集散地。这些保存完好的历史遗迹以博物馆、纪念馆等方式呈现，人们可以在其中找到集体记忆和认同感的影子。

广东民间工艺博物馆于1959年设址于陈氏书院，如图3-8所示，是保留较完整的

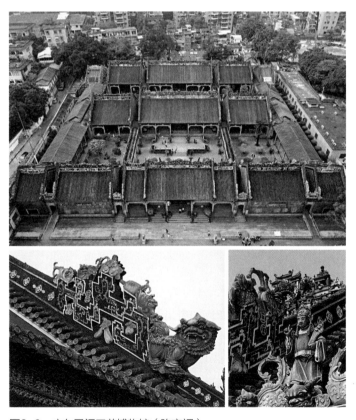

图3-8　广东民间工艺博物馆（陈家祠）

---

① 张静. 身份认同研究[M]. 上海：上海人民出版社，2006：3.

原始祠堂建筑原貌，展览兼具岭南地区民间工艺品和艺术品，将潮州木雕、广州彩瓷、剪纸、麦秆贴画等作品进行展览，结合场地的空间三维对称布局完整地展现出当地传统居民生活的环境，博物馆在原始旧址的基础上以房间和日常生活的活动场景作为记忆之所（表3-2），对展示空间进行叙事构建，给游客和本地居民以地方历史的特殊记忆（图3-9）。

广东民间工艺博物馆造景及场所记忆　　　　　表3-2

造景	处理手法	场所记忆
建筑外形	保留、修复	宗族历史
广场牌坊	新建保留地域符号	地方牌坊文化的象征
中进聚贤堂	座位按照规格排放，采用木质家具	宗族的权威和肃穆
陈氏书院祖堂神龛	龛位的设置，配上早期的历史图片和文献参考	神龛的历史用途与文化传承
姑婆房	场景搭建，用传统家具以及习惯的使用摆放	自梳女的精神世界

图3-9　广东民间工艺博物馆造景及场所记忆

图3-9　广东民间工艺博物馆造景及场所记忆（续）

3.3　记忆输送：感官场域的展示叙事

　　人对事物的记忆靠感官功能的体验与信息加工完成，因此不同媒介的组合承载这些信息的载体形式也是多种多样的。博物馆中结合所叙事的器物采用的传播渠道也不尽相同，数字化的演示、虚拟技术的使用和场景还原的景观都给观众的体验感造成刺激，并能留下深刻的记忆。任何在场景中进行叙事的过程都是信息传递的过程，而信息的传播依靠媒介达成传播效益。在场景叙事的过程中手法各有不同，本书在对广州地区25个博物馆调研的基础上（表3-3），根据其不同语言载体进行对比分析，将叙事性场景的信息传播模式分为四类：图像式、空间式、模拟式、参与式，见表3-4。

广东地区博物馆场景叙事形式一览表　　　　　　　　表3-3

编号	博物馆名称	博物馆类型	场景展示	场景展示风格	展陈方式	多媒体使用	是否是原旧址
1	西汉南越王博物馆	遗址类	有	古典装饰风格	按照原墓址遗迹上建造，展柜和场景还原为主	投影设备、视听设备、触屏交互，设备齐全	是
2	南越王宫博物馆	遗址类	有	现代主义风格	场景复原，修复原貌	多为影像和投影，交互设计以知识性传达为主	是
3	高剑父纪念馆	纪念馆	有	现代主义风格和古典装饰相结合	分上下两个场景展区，上层以复原故居作为交流和学习为主，下层以展览为主	分上下两层，上层以复原故居作为交流和学习为主，下层以展览为主	否

编号	博物馆名称	博物馆类型	场景展示	场景展示风格	展陈方式	多媒体使用	是否是原旧址
4	毛泽东同志主办农民运动讲习所旧址纪念馆	遗址类	有	简约、现代主义风格	以生活场景还原，以事件故事展开	具有影像设备，其他设备较少	是
5	孙中山大元帅府纪念馆	纪念馆	有	现代主义风格	场景还原，感受历史原貌	互动设备多，音频投影设备齐全	是
6	邓世昌纪念馆	纪念馆	有	古典祠堂装饰风格	宗祠场景，突出家国情怀和英雄事迹	有媒体交互设备，但因人流少几乎都停止使用	是
7	十香园纪念馆	纪念馆	有	古典园林装饰	场景还原，主要复原故居旧址	基本没有互动设备，配有简单的影像播放	是
8	广东华侨博物馆	专题馆	有	现代主义风格	按照时间发展线索和主题单元区分，以展柜为主	简单投影设备	否
9	广州市普公古陶瓷博物馆	主题类	无	现代主义风格	按年代编排的展柜展示	无	否
10	中共三大会址纪念馆	遗址类	有	现代主义风格	事件发展为主要线索，会谈场景复原	互动设备多，音频投影设备齐全	是
11	东濠涌博物馆	历史类	有	现代主义风格	微观人工场景展示为主	简单影像设备	否
12	广州亚运会亚残运会博物馆	历史类	有	现代主义风格	以事件的流程作为设计主题，人工设计场景为主	互动设备多，音频投影设备齐全	否
13	广州恒福茶文化博物馆	主题类	无	现代主义风格	按某一时期的品种茶具展示	无	否
14	番禺博物馆	地方性综合博物馆	有	现代主义风格	分区间主题的设计，以人工设计场景为主	简单影像设备	否

续表

编号	博物馆名称	博物馆类型	场景展示	场景展示风格	展陈方式	多媒体使用	是否是原旧址
15	广东中医药博物馆	综合类	有	现代主义风格	以中药植物生长环境造景	简单影像设备	否
16	广州市番禺区明珠古陶瓷标本博物馆	主题类	无	现代主义风格	以居民住宅区改造，按时间年代进行空间展示	无	否
17	广州东方博物馆	综合类	有	现代主义风格	分主题的进行区间分隔展示内容	简单影像设备	否
18	广州货币金融博物馆	专题类	无	现代主义风格	以时间为线索，用展柜形式依次陈列	简单影像设备	否
19	廖仲恺何香凝纪念馆	纪念馆	有	现代主义风格	以校园教室空间按时间、人物、事件进行陈列	基本没有互动设备，配有简单的影像播放	否
20	广东省博物馆	综合类	有	现代主义风格	根据具体主题呈现，场景还原和展柜实物相结合	设备丰富，基础设施齐全，且安排合理	否
21	广东民间工艺博物馆（陈家祠）	艺术类	有	古典祠堂装饰	建筑物为主要场景展示内容，各区间按类别展示器物	基本没有互动设备，配有简单的影像播放	是
22	粤剧艺术博物馆	主题类	有	古典园林装饰和现代艺术相结合	反映粤剧艺术的发展历史和粤剧特色为主	设备丰富，投影、触屏、音响设备齐全且安排合理	否
23	八旗博物馆	专题类	有	简约现代主义风格	分三个主题线索展开，实物陈列	无	否
24	海珠博物馆	综合类	无	现代主义风格	以承接专题展览为主，部分装修暂不详	无	否
25	广州博物馆	综合类	有	古典建筑风格	采用微型场景模型与古城市示意图，以时间线索展开	互动游戏设备丰富，基础设施齐全	是

场景信息传播模式　　　　　　　　表3-4

图像式	空间式	模拟式	参与式
电影、戏剧、舞蹈	场景复原	数字媒体	线下活动
照片、绘画	遗址复原	电脑游戏	亲子互动
语音、语言	微观场景模型等	AR/VR互动	游戏比赛
文字脚本等		虚拟体验等	留言评论等

3.3.1　图像式

图像模式也叫作叙述者模式，它将最具有典型特征的图表放置在观众眼前，表达明确的叙述意图，因此在叙述过程中带有强烈的主观意识。那些精心挑选的文字、表达特定主题的"决定性瞬间"照片以及示范性讲述过程无不显示了叙事的主动性。在特定的语境下叙述者透过影像图片讲述故事的发展历程，以第一人称的叙述视角往往给人以安全和可靠感。

1. 声音叙述

场景参观和浏览过程中会配有讲解员、耳机设备、外部声控装置等都为场景中的故事进行解说，如同影视作品的画外音一般。

2. 图文叙述

场景中的文字和图片充当了事件发生的"证据"，由于图像的去语境化和非连续性特征[1]，事件发生的过程往往是让观众自行弥补缺失的过程。叙事过程利用错觉和期待视野将单张图片组成图像序列，让观众"看见"事物发展的前因后果，从而建立叙事的秩序。

3. 视屏叙述

以连续的画面和影像进行信息的传递，加之配有语音讲解，它将单张图片缺失的部分在有序的时间内集合而成，从某种意义上讲是图文叙事的升级版。

3.3.2　空间式

此模式建立在空间形式的基础之上，是对叙事事件场景的再模仿，它由记忆空间模仿和历史空间模仿共同组成。虽然记忆场所和历史场所按照别类、顺序连接构成叙

---

① 龙迪勇. 空间叙事学[M]. 北京：生活·读书·新知三联书店，2015，8：421.

事的结构化空间,但因观众各自文化程度的差别导致的记忆空间的差异,往往关注和聚焦的信息并不会进入预先设计者的安排,所以叙事中的受述者则占据信息交流的主导地位,是信息交流的核心。

1. 记忆空间模仿

博物馆场景设置根据文字脚本而来往往涉及创作的记忆和想象空间,尤其在大量语境缺失的情况下通常会依据某一段文字或图片对场景进行想象和搭建,因而叙事性场景的产生并不是原生事件而是记忆事件或意识事件。如恐龙时代的场景搭建依据化石的分析还原恐龙的生活时代背景并对恐龙类别进行分类,建立在一定的事实基础上进行构想,往往会带给观众更多的遐想空间。同时也将大概念的场景进行微观处理形成场景模型,对场景进行浓缩处理在一定程度上解决了物理空间场地不足的问题。

2. 历史空间模仿

通常也指场景复原或遗址复原,它是一种纪实性叙事形式,其叙事动机和叙事素材来源于过去的事情。在旧的遗址基础上还原一个完整的历史语境,历史的器物和收藏往往象征历史的源头和历史的权威,古遗迹和器物所展现的信息成为历史事实的有力证据,它与文献相结合成为受述者探索和研究的主要方式,不断改写被视为"事实"的历史事件。

3.3.3 模拟式

模拟是数字媒介特有的一种叙事模式,存在于故事生成程序和电脑游戏中[①],博物馆中人与环境的互动通过互动媒介技术呈现的虚拟影像和图景激发观众的好奇心,增强多感官体验,准确的传达信息。

1. 虚拟现实技术

也称为VR技术,它是用来模拟仿真场景(图景)呈现无法修复而真实存在、已经消失或者面临消失的场景。虚拟现实(Virtual Reality,VR)技术的沉浸感、体验感、交互感以及时实性特征给参观者营造身临其境的美感和感官上的刺激与惊艳,借用传感设备与环境的链接创造出实体与虚拟的二重场域。虚拟现实技术可以根据设计者的设计构思对参观的体验者传达虚拟信息,能使用户快速地理解和接收传达的信息含义,提高用户的感官刺激。除此之外,AR、MR等技术的使用实现了将真实世界与

---

① (美)瑞安. 故事的变身[M]. 张新军,译. 南京:译林出版社,2014,11:13.

虚拟世界共存的状态，为观众带来了全新的认知：范空间、无边界、全沉浸、交互性、
运动态[①]等。

2. 移动端设备

移动端的平板电脑、手机、笔记本等设备基于场景下的互动，一方面与实地场景
结合，利用场景进行营销活动和商品推送，如滴滴打车、盒马生鲜、Airbnb等；另一
方面将场景进行360度环绕拍摄或制作成空间影像的设计，进行虚拟漫游与游戏互动
的体验。如故宫博物院开发的"V故宫"（图3-10）三维全景漫游，它借用三维建模
还原一个真实可见的故宫一角，根据游览的需求可以从各个角度进行上下观看，以及
放大细节或远距离俯视等。

（a）"V"故宫三维虚拟场景 　　　　　　　　　（b）"V"故宫漫游灵沼轩

图3-10　"V"故宫
来源：http://v.dpm.org.cn/

3.3.4　参与式

参与式博物馆源于美国当代著名传播学家亨利·詹金斯（Henry Jenkins）所提
出的"参与式文化"（Participatory Culture）。参与式的概念是指观众在博物馆中不
再是被动接受和消费馆方制作的内容，而是主动创造和建构自己的内容，并与他人一
起分享和讨论。理解参与式博物馆的关键在于对"社区"（Community）的把握，其
作为一个社会学概念最早由费孝通先生译作社区。我们可以在博物馆中参与文化的研
讨，倾听一场音乐会、一场讲座，甚至可以作为纪念集会的场地，对此场域进行多样
化的使用，它更像一个社区中心或一个咖啡馆。参与式博物馆在国内还是一个比较新
的概念，受社会环境和认知能力的影响使得大多数人处于被动接受的信息状态，同时
参与式的项目策划与开发也需要面临一定的挑战，它需要各个文化机构共同合力完成。
除了让观众切实地进入环境中互动，更多的是一种对主题的反馈和情感的共鸣。

参与式博物馆项目除去线上的动态活动更多的时候需要调动线下的热情，保证

① 林少雄. 视像时代的技术叙事[J]. 当代电影，2018（12）：99–102.

在博物馆和观众之间的联系的紧密性，让博物馆不再是"围观"文化活动而是迈进文化机构的大门，观众期望接触多方面的信息源和文化视角；期望有价值的回应，并且受到重视；期望参与讨论、分享并重塑消费内容。以2019年上半年的广东省博物馆为例，参考其线下的活动安排（表3-5），可以看到博物馆在重视知识性的叙述传递之外，更多注重以文化生活和社区生活为中心的思想理念，在活动中继承和发扬传统文化，拉近人与人的交流间距，重塑个体和群体的精神共性和价值认同。

广东省博物馆2019年上半年参与式互动项目活动一览表[①]　　　表3-5

活动日期	活动内容	宣传主题
2019.01.29	广彩纹饰挂件DIY	慧心巧思
2019.01.31	贝壳风铃DIY	听海的声音
2019.02.02	手鞠制作	手鞠，是祝福啊！
2019.02.03	新春行花街户外活动	花开富贵
2019.02.10	古埃及首饰工作坊	哈索尔的祝福
2019.02.12	普及讲座	听建筑讲故事
2019.02.14	贝壳风铃DIY	听海的声音
2019.02.17	关于狮身人面像的故事	金字塔守护者
2019.03.07	钱币等相关古物免费鉴定	博古鉴真
2019.03.09	创意纸艺工作坊	二月二，龙抬头
2019.03.16	东方亲子茶	奉茶品茗
2019.03.30	现场茶歌	唐人雅事——吃茶去
2019.04.06	亲子工作坊	探春压花
2019.04.10	美源寻踪	2019年广州科普自由行
2019.04.21	传播中国壁纸文化	18世纪英国社会生活中的中国壁纸
2019.04.22	普及音乐会	走进交响乐，相约音乐厅
2019.04.27	中国外销扇	科普自由行
2019.05.09	文物鉴定活动	博古鉴真
2019.05.18	红色故事	"追梦广州红——杨匏安史迹探索"行走活动
2019.06.30	红色故事	"追梦广州红——杨匏安史迹探索"行走活动
2019.07.11	文物鉴定活动	博古鉴真
2019.07.17	地域文化	潮州、潮汕和潮汕文化

① 广东省博物馆官网.

3.4　情感社交：媒介场域的认知叙事

博物馆及其收藏的文物正通过新的媒体叙事方式走进公众视野，H5的宣传、抖音视屏、在线直播、APP等时下流行的传播媒介将静态的文物活起来，大型文博探索节目《国家宝藏》更是将博物馆文化和藏品历史，透过电视荧幕将叙事线索跨越千年。亨利·詹金斯在《融合文化》中提出跨媒介叙事的概念，并指出它是通过多媒体平台传播故事并吸引受众积极参与到故事情节的接受、改编和传播过程中的叙事策略，每一个平台都有新的内容为整个故事做出有差异的、有价值的贡献。①由此可见，跨媒介的传播已深入大众生活，并成为生活的一部分。而对于媒介而言，场域的占领也是新的一轮挑战。著名心理学家鲁道夫阿恩海姆用格式塔心理学指出一个艺术品必须为世界提供一个整体的形象即接受者对于作品外在形式的感知并不是杂乱无序的，而是具备完整性和有序性。②所谓完整性，除去物品的外形，物品所在的场域则是认知事物的最有效途径了。因此在媒介场域下，通过环境的互动能轻而易举地获取到知识，由此，我们需要强调认知参与的行为本身即与所处的环境进行互动，在这个互动过程中通过自我共享和参与来获取信息。

3.4.1　从"我"到"我们"

随着社交媒体和网络信息技术的进步，人与人之间的交流对话越来越频繁，信息的流通如同货币的流通一般，引发新一轮的竞赛。智能手机的扩大加强传统媒介在社交方面的影响力，也构成了新的文化秩序。

传统的播放媒体和参与设计技巧在于如何使信息在文化机构中传递，文化机构单方面的给观众带来消费内容，因此，设计者往往把内容的制作作为核心，提高质量。在媒介场域的概念下形成的参与式机构采用多向传播方式，文化机构仅仅是作为一个服务的平台而已，它提供这样的服务并不断优化服务内容，并不作为权威性的主导地位，这个平台将创作者（贡献者）、传播者、消费者、看客、评论者和信息收集者等相互关联起来，给观众共同创造体验机会，使社交娱乐化、经济化。如现代较为热门的虚拟现实直播，采用直播+虚拟现实技术，其流程概括为：全景相机+拼接合成服务器+编码上传+点播机房分发+用户收看。

2019年2月19日广府庙会开幕首次实现5G网络VR直播（图3-11），这是将非遗

---

① （美）亨利詹金斯. 融合文化：新媒体和旧媒体的冲突地带[M]. 北京：商务印书馆，2012.
② 吴珊. 格式塔心理学原理对平面设计的启示[J]. 吉林艺术学院学报，2008（5）：3-21.

文化以网络虚拟化直播方式展现出来，实现文化、商业、旅游资源、科技的3+1模式。虚拟现实网络直播通过高仿度场景的构建给观众的感官带来更丰富刺激的体验，增强现实技术提高虚拟社交的现实性、可信度，剥离了受众的现实身份和社会关系，能更好地投入虚拟社交中，形成多人同时交流的叙事场景（图3-12），实现了从"我"到"我们"的叙事关系。

图3-11　虚拟现实网络直播广府庙会

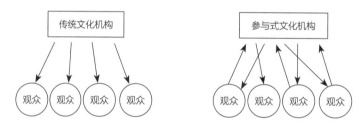

图3-12　参与式平台交流模式[①]

3.4.2　参与式博物馆

在博物馆场域中那些富有历史价值和研究价值的器物被束之高阁，望尘莫及，往往也会让人不解。受家庭教育和文化背景的限制，那些能激发观众交流的实物往往是旧手表、搪瓷杯、照相机，如果每个博物馆都有这样的展品，那么观众自然而然就能产生社交体验了，他们让人联想到爷爷辈的故事、不富裕的童年抑或是妈妈的青春年华，这些都能引发观众停留与探讨，唤起回忆。

① 来源：（美）妮娜·西蒙. 参与式博物馆：迈入博物馆2.0时代[M]. 俞翔，译，杭州：浙江大学出版社，2018，5：8.

博物馆的展品和体验促成了社交实物。社交实物能带动社交体验，同时也构成了观众交流的话题内容。人与人的联系靠实物的连接，所以社交实物必须是十分明显的实体，这也就是儿童博物馆的参与体验项目做得较为多的原因。我们不妨从中学习并扩大到其他类型博物馆和文化机构中，在休闲的过程中将挑战、技能和人际关系整合在一起，给观众提供传统文化机构体验所不能及的价值和内涵。

第 4 章

叙事场域解析：
以潮州木雕神器
为例

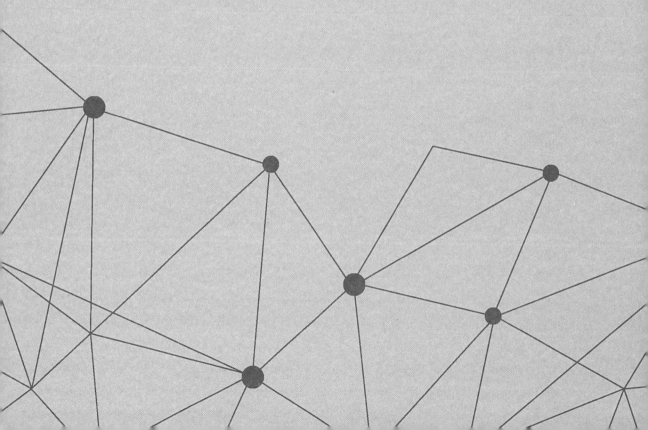

场域的概念强调物体或人对环境特定部分的占有，场域中的叙事更强调故事的发生地以及故事如何延续。本书选取潮州木雕神器作为案例，解析场域叙事。潮州木雕神器以宗祠家庙作为祭祀活动的重要场所，在场域上与叙事有着必然的关系，无论是神器上的图案题材故事，还是祭祀仪式流程，都与场域都密不可分。

4.1　潮州木雕神器发展历史

潮州木雕萌发于唐以前，发展于唐宋，成熟于明代晚期，清代中晚期达到鼎盛。它继承了中国传统木雕的雕刻技巧并加以贴金的传统工艺，在漫长的摸索和技艺传承发展过程中吸收了石刻、绘画、泥塑、戏曲等不同民间艺术的长处，融合成独具特色的岭南风格，并通过手工匠艺人们的历代传承发展至今，在我国雕塑艺术中独树一帜，潮州木雕又称"潮州金漆木雕"。潮州木雕种类繁多，按用途分建筑装饰、神器装饰、家具装饰、欣赏艺术四大类，其中尤以神器装饰最为精美。我国著名美术史论家陈少丰在《中国雕塑史》中曾指出：潮州木雕在我国雕塑史上最大的成就，不是建筑上的装饰雕刻，而是施以神器装饰的"神亭、神轿、馔盒、宣炉罩"一类的装饰木雕[1]。由此可见木雕神器在制作工艺中的特殊地位。木雕神器的发展离不开其使用的历史文化场景，这些承载器物的场景也从侧面反映出潮州地区历史文化的变迁以及民风民俗形成的源流。

---

① 陈少丰. 中国雕塑史[M]. 广州：岭南美术出版社，1993.

4.2 潮州木雕神器场景叙事方式

4.2.1 寺庙场景

潮州金漆木雕的正式出现，有文献可查的始于北宋至和元年（1054年），《永乐大典》中《刻漏记》记载了北宋至和年间潮州郡守郑绅"乃择牙校就汀受法，指工绳木，俾金涂漆。历四旬，凡总六十时间，而漏刻成"。现存最早的潮州木雕制品出现在始建于唐玄宗开元二十六年（738年）的潮州开元寺天王殿的梁架上的"草尾"装饰的斗栱，寺中遗存一条唐代木雕的"木鱼"。潮州木雕早期作品发现于潮州开元寺，说明它起源于对宗教，尤其是对佛教的信仰，因此，佛教文化担负着开启民智与文化交流的作用。对寺庙神佛的礼祭，一方面表达对神佛的敬畏和虔诚之心，另一方面也表达对未来幸福生活的憧憬和期盼。在仪式进程中，香烟缭绕、钟鼓齐鸣形成庄严肃穆的拜神场景，无论是开元寺内的挂筒"仙姬送子"[①]、大殿龛桌、"金千佛塔"、木雕佛像及佛器，还是案几上的雕刻等，无疑都将木雕神器的指代意义与佛教文化相连，它必然介入到信仰者的日常生活中，并将不同的精神形象带入真实的生活世界，寄托着人们无限的美好愿望。

4.2.2 祭祀活动场景

与寺庙的宗教活动相比，自发的民间礼祭活动则更为活跃，因此也十分兴盛。民国《潮州志·丛谈卷》中就有许多有关鬼神传说的记载，潮属"九邑皆事迎神赛会"，"迎神赛会"[②]是宗族里面最为重要的传统祭祀活动，把祠堂的装饰与礼器相结合营造出隆重而肃穆的氛围，以及宗族繁荣昌盛的景象，是以祭神祀鬼为名的民间娱乐节。无论是现场的潮剧戏曲演出还是在木雕上的戏曲图案都成为祠堂这一公共空间的"神人同看"的场景[③]。而祠堂祭拜仪式的环境往往是对佛教寺庙礼祭的模仿，它构成中国传统社会的文化景观，也是每个家族建设的重要部分。

以金漆木雕装饰的神器为道具的神龛、神龛围屏、龛前瓶花、神椟、神轿、神亭、神椅、香架、蜡烛台、糖枋架、饼架、宣炉罩、馔盒等，品种类繁多，款式千姿百态，

① 《仙姬送子》是潮剧的传统剧目，讲述天仙七姐，与凡人结配回归仙宫后产下麟儿，下凡送与董永的故事。

② 迎神赛会也叫游神赛会，是南方地区广为流传的汉族民间信仰活动，潮州地区称为"营老爷"，活动通常发生在同姓宗族聚居的区域。

③ 薛燕. 探索大学美术馆对工艺美术史的叙事方式——"乾坤戏场——广州美术学院明清潮州金漆木雕藏品研究展"综述[J]. 美术观察，2018（06）：32-33.

无奇不有（表4-1）。它以金碧辉煌的装饰效果充当了祭祀活动中重要的道具角色，满足潮人重视宗祠家庙建筑装饰的需要，也成为各宗族相互攀比显耀富贵的装饰品。无论是敬神供佛所需的神龛、神亭，抑或盛放祭品的馔盒、炉罩等器具，各宗族借用这些象征性礼祭器具表达对先祖崇拜和地方神灵的敬畏，这种仪式慢慢演变为宗族内部的集体记忆，同时也赋予了宗族文化成员的稳固身份。宗族集体记忆的再现与延续确立固定的空间和仪式感，仪式的过程往往伴随着宗族古老而又曲折的故事传说，宗族祠堂作为血缘关系的标志将场所的仪式感推到了尊崇的地位，也使得场所的叙事变得富有教育意义。潮州木雕神器在各宗族发展壮大下达到鼎盛辉煌期，并奠定了木雕神器在日常生活中的使用价值和文化意义。

潮州木雕礼祭器具一栏表[①]　　　　表4-1

序号	名称	陈列位置	用途	形状结构	图片参考
1	大神龛	祠堂、大厅中间	祭祖仪式之用	前有门两扇，有框栏、楣	
2	神椟	置于家居厅内案几上	供放祖先牌位的礼祭用具	龛、椟形制有点相似，只有大小之分	
3	香炉	放置于神案前	祭祀时燃烧香料	造型似鼎，盖纽多雕成狮子形，故又称为香炉狮	
4	香架	案几上	用于插香的器物	插瓶座式	
5	大烛架	大香几左右两侧	祭祀擎烛用	由座、瓶身、烛插三部分组成	
6	龛前瓶花	神龛前的两侧	装饰用途	如花瓶形制	
7	馔盒	置于家中厅堂的几案上，祭祀时将馔盒摆放在神案上	盛放祭品的器物	由底座、盒盖、果盘三部分组成，造型常见长方形和菱形（又称龟背形、榄形）两种	

[①] 广东省博物馆. 潮州木雕[M]. 北京：文物出版社，2004，12.

续表

序号	名称	陈列位置	用途	形状结构	图片参考
8	糖果架	祭祀时置于神龛前的香几上	摆放米方糖	造型多种多样，大多作髹漆贴金装饰	
9	宣炉罩	置于家中厅堂和书房中的几案上	燃烧香料	造型由底座、罩盖两部分构成，罩顶开孔。常见以六角形、四方形	
10	油灯罩	多置于佛像或神龛前	使用时将点燃的油灯放到罩内的承板上	为六角形，内底设乘板以便放置灯盏	
11	贡碟	置于神龛前几案上	放鲜果、方糖等食品	形制较小，分底座、器身和承盘三部分，成对使用	
12	大香几	常年摆设于民居或祠堂正厅	用于摆放香炉、馔盒、糖枋架、镜瓶等物，一般与八仙桌、太师椅配套使用	形制有平头、翘头两种，大小尺寸视厅堂的宽窄而定	
13	神轿	祠堂庙宇必备祭祀器物	抬着游街之用	神轿不盖顶，构件分轿围屏、交椅围、中盘、下盘、轿脚狮和底座五个部分构成	
14	神亭	游神赛会时使用	抬着游街之用	神亭由亭体、亭基、亭脚和亭座四个部分构成，有盖顶	
15	鼓架	平时存放在祠堂	鼓架专门用来支撑鼓	由脚架和围栏两部分组成	
16	茶担	平时存放于祠堂	礼仪用具，游神赛会活动时用来挑担茶水为公众赠茶盛器	提梁式，提梁上装铜环以便肩挑出行	
17	三牲供台	祭祀时将供台置于大神龛前	摆上猪、牛、羊三种祭品，进行祭拜	造型多种多样，以六角形最为常见，一般由底座、托盘两部分组成	
18	炮斗	游行队伍的最前边	散装鞭炮，边走边放，引人注目	形似斗，前后卷书式，口沿的四角各设小铜环	
19	如意	陈设器物	富贵人家的贺寿礼物	通雕技法，以富贵花牡丹作为吉祥寓意	

序号	名称	陈列位置	用途	形状结构	图片参考
20	寿屏	小寿屏一般设在神龛前的神桌上，大型寿屏则设在祠堂大厅上	举行贺寿仪式时送给寿主的贵重礼物。寿屏前设筵席，大宴宾朋，充满喜庆气氛	屏数少则6扇，多则14扇，多为双数，单数者较少见	
21	屏头狮	装饰在屏风两侧，立于屏架之上	装饰作用，具有威严和富贵之感	通常成对使用，由柱头狮和立柱构成	
22	圣旨架	祠堂	官宦人家以示皇恩浩荡，亦借此炫耀自己特殊的身份地位	两足、架心、顶部、龙头	
23	真武帝神位牌	道观中供奉	道观中供奉的真武帝神位牌	由底座和神牌组成	
24	八宝匣	日常用品	富裕人家婚庆时用来派发请柬的盒子	长方形，带盖	
25	茶厨	日常用品	放置茶具用	左右茶橱门，上下横肚	

4.3 潮州木雕神器的历史叙述场所精神

人们的生活由各种不同的场景组成，对历史的记忆也遗留在不同的场景中，皮埃尔·诺拉在其《记忆之场》中对场的特征解说为实在性、象征性和功能性。[1]佛堂寺庙、宗族祠堂、潮州会馆等是实在的场，被赋予特定的象征意义，如寺庙——圣人、宗族祠堂——家族权威、潮州会馆——故土，而木雕神器因为场的社会仪式成为记忆对象而进入记忆之场。对于场中的每个群体而言，向场所承载的历史寻找集体记忆则涉及自我身份的认同。潮州会馆[2]给移民海外、身处异地的潮人提供心灵和精神上的慰藉场所，如图4-1所示。通过会馆组织，海外潮人集合在一起形成一个独立的社会团体

① 孙江. 皮埃尔·诺拉及其"记忆之场"[J]. 学海，2015（03）：65-72.
② 潮州会馆泛指潮州地区（潮州府）的潮汕人所建的会馆。清乾隆三年（1738年）后，各地潮商普遍以潮州八邑即：海阳、朝阳、揭阳、澄海、普宁、饶平、丰顺、惠来等八县联合开设潮州会馆，遂形成潮商文化之中著名的潮州八邑之说。

（a）法国潮州会馆

（b）新加坡潮州会馆

（c）越南潮州会馆

图4-1　各地海外的潮州会馆

能与其他地方的商人竞争。如果把这个团体当作社会身份研究中的一个个体，它与其他族群在相互冲突和激化下形成种族边界，即种族身份认同的边界。

在过往的历史和现实生活的双重挤压下宗族身份认同的边界从空间到文化逐步渗透到宗族内部。海外华侨们远离故土，在新的社会环境中为确立种族的自我意识，首先，在地理空间范围上确立自我的空间边界，这是在融入其他族群的过程中的首要条件，我们可以看到各式各样的种族空间边界如唐人街、中华城等（图4-2）。潮州会馆以固定的

（a）澳大利亚布里斯班中国城　　　　　　　　（b）温哥华唐人街

图4-2　海外唐人街

命名和场所塑造这种空间边界来划分自己与其他族群的边界，会馆在建筑风格上以庙宇为基础，它以固有的集体制度和文化活动促进集体自我意识的形成，通过集体活动中的神器使用形成独特的文化符号，这种文化符号则是构成身份认同最重要的边界。

4.4 新地方主义空间的营造

4.4.1 场所记忆

博物馆展示设计在审美价值的演进中使用复原原始场景手法，这种人工复原的新地方主义手法通常作为临时展或地方特色交流展出现。场域在广泛的意义上作为背景、情景的同义词，叙事特点在于给观众以真实的面容和身临其境的体验，它与人的互动改变着叙事的进程和叙述的目的。在博物馆中叙事性的场景空间由实体空间和虚拟空间构成，二者是场景空间的基本形态。

1. 实体空间

博物馆的场景营造在陈列展示中运用非常广泛，其主要原因是场景环境具有极强的临场感和视觉感染力，它明确而清晰的空间边界能够快速地传达叙事信息。根据场景的主题表达和呈现结构可将叙事空间分为串联式空间和并联式空间。

（1）串联式空间是以时间线为依据，为叙事文本营造故事场景，它依托时间线索将每个故事节点安放在相应的场景中，这种单一叙述给人清晰的事件脉络和有序的逻辑思维联想。这种空间常常用以讲述一段木雕神器的历史事件，或解说一种木雕神器使用仪式流程。

（2）并联式空间或曰主题——并置空间[①]，它是指相同的叙事之间没有必然联系，只有一个共同的主题，表达共同的思想内涵，因此在空间格局上各不相同甚至存在各自的叙述者。如同灯泡的并联一样，一个灯泡的关闭并不会影响其他灯泡的使用。它们不受时间和受述者的限定，只对展示主题负责，空间上相对自由，往往带来意想不到的叙事效果。如广东省博物馆的潮州木雕馆展厅，以民国时期潮州林氏的"西河旧家"为原型展开场景设置。分为厢厅、大厅、大房等格局，如图4-3所示，这些格局的呈现并不按照真实居住的地理位置构建，只是在现有的场地上将内部格局展现出来。叙事空间没有直接必然联系但其主题都是为了展现潮州传统民居的场景，体现传统木

---

① 龙迪勇. 空间叙事学[M]. 北京：生活·读书·新知三联书店，2015，8：203.

（a）厢厅　　　　　　　　　（b）大厅　　　　　　　　　（c）大房

图4-3　潮汕传统民居图

雕神器在人们生活中使用的片段。

2. 虚构空间

场景中的主题通常用文字、图片、音乐、影像等表达，这些被制作或复制出来的原型替代品我们称之为图像[①]。学者龙迪勇在图像的空间性与时间性上做出具体的分析，提出图像叙事的本质——使空间时间化，确立了图像的空间性特征。图像叙事中"实实在在"的故事空间在二维性上与真实世界中的物体、维度和关系相类似，由于图像的去语境化和非连续性特征，它对原型的模仿上形成了空间的虚拟化特点。每个人在面对同一张照片、影像或文字时由于个人的认知和意识的不同，对空间的想象也不尽一样，因此场景中的虚拟空间常作为探究的侧重点。

4.4.2　叙事性场域的表现手法

具有叙事性的展示场域正越来越寻求更多的"对话空间"，更侧重风格特色的表达，尤其在媒介迅速发展的今天，寻求视觉感官冲击以及形态的隐喻，以此来体现这个陈列所展示的场域精神主旨，更多地会采用新颖思维和后现代精神的空间，蒙太奇手法恰好迎合了这种需求。电影中的蒙太奇观念通过解构和重组的艺术性，赋予场所更多的设计语义，使空间存在更多的可能性，而叙事表达则更加丰富多样化。以广东省博物馆中潮州木雕的展示作为叙事蒙太奇场域的解说。

1. 平行蒙太奇

指在叙事过程中出现两个或两个以上的叙述线索，各叙事之间没有直接因果联系。平行蒙太奇的表现手法在博物馆场景叙事中最为常见，叙事性场景的情景设置如同电影镜头中各种画面的组接，在博物馆的潮州木雕神器叙事场景（图4-4）中叙事线索

---

① 龙迪勇. 空间叙事学[M]. 北京：生活·读书·新知三联书店，2015，8：413.

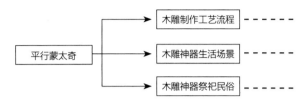

图4-4　潮州木雕平行蒙太奇叙事

如工艺流程、功能使用等，皆不构成序列关系。广东省博物馆展厅中的潮州木雕展就很好地运用这一表现手法。它将神器以不同种类、用途分别排放在不同场景中，利用空间设置将叙事场景分为木雕的制作工艺流程、木雕神器生活场景、木雕神器祭祀民俗，这几大类共同说明木雕神器的艺术价值和使用价值这一主题。

2. 对比蒙太奇

在叙事过程中采用空间的大与小、色彩的冷与暖等对列项引导观众，从心理上含蓄、隐晦地表达主题意义和叙事情感。例如潮州木雕馆中神器、神龛的摆放位置和神龛的体量。神龛有大小之分，其场景的设置本身极具对比效果，尤其是佛寺祠堂中的神器设置，但由于空间的限制，在木雕神器展示中通常采用遗址场地来展现。在保留较完整的陈家祠建筑基础上，还原一个真实的木雕神器的叙事场景，透过五路三进的对称布局窥视出祠堂祭祀活动的庄重和严谨，展示中场景的大小给人的心理环境上施加了更为端庄肃穆的气氛。

3. 交叉蒙太奇

在叙事过程中有多重线索和情节，每个情节和线索之间都有着相关因果逻辑联系，最后形成一个完整的叙事主题。这种手法的运用在博物馆历史事件的叙事中尝试使用，给人营造紧张的画面感，较容易将观众带入到场景中体验故事情节。

4. 连续蒙太奇

也叫线性蒙太奇，它按照一定的时间和事件发生的逻辑展开叙事，因此博物馆展示中此手法不仅运用在文字脚本、空间陈展上甚至在场景设置中也流畅使用。单一的叙事逻辑不会造成叙事中的阅读理解，反而有益于多数人的参观体验。

5. 隐喻蒙太奇

通过事件的对列或者交替表现进行类比，含蓄表达叙事线索、心理情绪和叙事意愿。木雕神器的自身图文符号本身极具隐喻性表达，如金漆木雕寿屏（图4-5）是贺寿时亲友定制的送礼之物，因此在其装饰上题材多为福禄寿三星、麻姑献寿、八仙骑八兽，另外两边配上屏头狮，屏风无论从形制上还是工艺题材上都充满喜庆意味。这种寿屏设在祠堂大厅之上无不显示出主人公的家族地位和人际关系，屏风中"郭子仪庆寿"的热闹场面与现实中的祝寿场景相映成趣，互为映射。

（a）木雕寿屏贺词（局部）

（b）郭子仪庆寿图（局部）

图4-5　金漆木雕寿屏

第 5 章

无墙博物馆美学

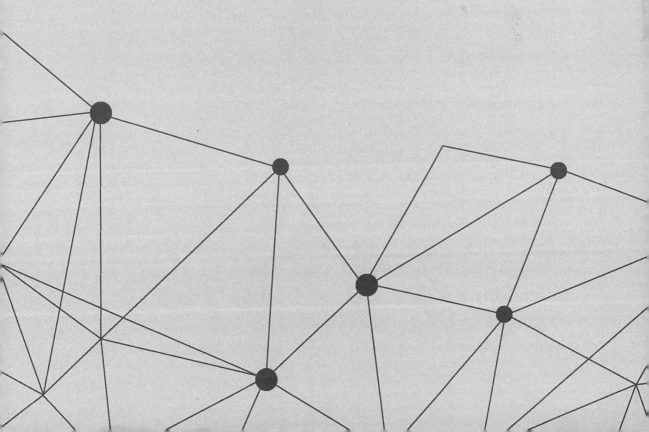

5.1 冲击：走向生活的美学

从博物馆历史上看，博物馆的产生和发展是伴随着人们追求美、创造美的历程而相继演变。在过去阐扬君权神授的封建时代，美是与生活隔离的，是带有贵族气息的，为贵族阶层所追求，贵族统治阶级追求带有财富价值的珍稀藏品的美。博物馆就是作为统治者收藏珍品的场所而出现，古代君主宗教为了巩固统治权而指示自己是上神派遣，管领世人，其放置珍品的场所称为"museum"，意为希腊神话中天神缪斯的化身，使得博物馆的初现就披上了统治神权的外衣。

直到科学技术的探索热潮兴起和人权民主思想的觉醒，发现美、追求美的群体从小众的统治阶级转为世俗大众，18世纪大英博物馆和卢浮宫艺术博物馆的对公众开放开创了博物馆社会化的新时代，博物馆正式从殿堂走向生活。博物馆藏品的收藏范围由艺术珍宝扩展到自然标本、生活文物和民俗用品等，藏品所蕴含的美从单一的艺术美扩延到自然美、社会美和科技美。博物馆的美随着社会的发展而变化，社会的进步促进了人们对博物馆的美的追求。

5.1.1 神权的殿堂——博物馆之美的开端

博物馆萌发于珍藏稀有品的意识，过去的封建君主制度宣扬君权神授，统治君主的权力是天神所赐予，君王们所掳获的各地珍稀物品和战争纪念品的放置区域，这个收藏珍品的区域最初被称为缪斯庙。而缪斯是希腊神话中九位女神的总称，是文学、艺术和科学的精神力量象征，缪斯神庙就是体现这种精神力量的崇高场所。博物馆文化现象一出现就被赋予了神性的光环，被视为艺术文化的最高殿堂。柏拉图的"美"为开端，鲍姆加登为"学"而奠基，西方古典美学从古希腊时期延续到近代。柏拉图指出"美是理念"，美是至高无上的东西，手工劳作社会中那些依靠技艺进行艺术模仿的艺术家只能算作工匠，他们与美是有距离间隔的。

因此，在西方古代"博物馆艺术"中，美和生活实质性是分离的。博物馆是皇宫贵族、宗教和富商茶余饭后的炫耀谈资和消遣之地，博物馆艺术收藏成为宗法制度和皇权的象征。德国美学家康德提出的"审美非功利"就是把美和艺术从生活中隔离出来，归为贵族化的"精英趣味"。黑格尔美学强调：美是绝对理念的感性呈现，他认为艺术的发展方向是从物质到精神，会最终解体并归宿于哲学。因此，整个西方古典美学都是将美和艺术与生活脱离，使其美学和艺术成为带有贵族气息的"高雅艺术"。

一直到处于封建制度和宗教统治下的中世纪欧洲的主流文化是教会神学文化，即宗教与神学。大教堂附带着博物馆最原始的收藏职能，各个国家的大教堂都有独立开辟的"珍品室"，成为收集传教士带回的珍藏品、教堂法器、圣像、教主遗物的地方。教会通过展示神权教堂的珍品来扩大自己的影响力，以其稳固教会的神主地位。教皇所在地梵蒂冈就有专门的区域收藏天主教历史文物、珍品、香客礼品，其中使徒宫就是专门珍藏绘画的地方。历经十几个世纪的古代博物馆是封闭式的发展，博物馆中的藏品是对外封闭的，博物馆只对统治阶层开放和服务，于公众来说就是远不可及的神权"殿堂"。

威尼斯的圣马可教堂重建于1043~1071年，是基督教世界最负盛名的大教堂，矗立于圣马可广场，为纪念耶稣十二圣徒和收藏战利品而建（图5-1）。教堂又被称之为"金色大教堂"，教堂的内部都是细致的镶嵌画作，其主题涵盖了十二使徒的布道、基督受难、基督与先知以及圣人的肖像等，这些画作都覆盖着一层闪闪发亮的金箔，使得整座教堂都笼罩在金色的光芒里，教堂内金色所反射的光芒，是象征着太阳的光芒，由此隐喻宗教神权的创造力量。同时教堂设有执行收藏职能的珍宝馆（Tesoro），收藏着1204年十字军东征带回来的战利品，以及从海外返回威尼斯的船只所上贡的珍贵品，圣马克教堂在1807年之前一直都是威尼斯总督的私人礼拜堂，唯总督私有。

图5-1 意大利威尼斯圣马可大教堂内部
来源：博物馆官网（http://www.st-marks-basilica.com）

所以，博物馆的原始萌芽是一种包含着神权信仰的艺术审美活动。它以神权至上，收藏物品多是上层文化艺术品、战利品和奇石珠宝等，它以稀少贵重为美，所追求的美是君主宗教阶层权力的象征。

5.1.2 美学走向生活——博物馆的现代化进程

随着近代文艺复兴热潮和科学领域的发展，艺术家们开始探索封建神权世界以外的美的表现形式，西方哲学和美学产生重大转折，博物馆艺术从"殿堂"引向"生活"。哲学家尼采向世人宣告"上帝死了"，人彻底从世俗解放。"人"作为主体的地位被确立，俗世"人权"替代宗教的"神权"，传统西方古典美学面临解构，倡导"日常生活美学"、"世俗化"等生活美学理论。

博物馆殿堂的大门被民主革命敲开，以炫耀为目的的珍宝收集转向了对知识和理性的追求，为贵族所有的博物馆在民主思想的解放和地理的探索热潮中被逐渐打开，1753年的大英博物馆和1793年的法国卢浮宫艺术博物馆的开放就是民主自由、人的主体地位确立的标志，现代意义的公共博物馆开始出现。

博物馆的扩大，改变了原有藏品的内涵，展览的藏品从收藏艺术珍宝拓展到自然标本、历史文物、生矿物岩石、科学工业产品等等，博物馆藏品所蕴含的美的内容从单一的艺术美扩延到自然美、社会美和科技美。陈列方式上，博物馆中的藏品已经不是杂乱陈放，而是有了科学化的目录和分类体系。博物馆对藏品文物的保护和有序排列是博物馆美的形式体现。藏品范围的扩大和陈列方式的变化，带来了博物馆的社会教育新职能。博物馆从单一的收藏功能开始向收藏—科研—教育多功能转变。在19世纪建立的德国纽伦堡日耳曼博物馆就是按史前时代、罗马时代、德国时代三个系统六个展室组织陈列，帮助观众了解不同时代的社会面貌，博物馆开始融入社会，贴近生活。

博物馆的建设在经历了19世纪的蓬勃发展之后，20世纪70年代末期"新博物馆学"的概念被提出。美国博物馆学家哈里森（J.D.Harrison）指出：新博物馆学的重心不再置于过去博物馆所奉为的典藏建档、保存、陈列等典型功能，它不再局限于一个固定的建筑空间内，而变成一种"思维方式"，一种以全方位、整体性与开放式的观点洞察世界的思维方式。[①]新博物馆学把研究的重点从博物馆的物质藏品完整地转移到了社会意义的"人"为主体，强调博物馆为社会终生教育的场所。

进入21世纪以来，博物馆逐渐将价格门槛剔除，使博物馆完全融入大众的生活。2001年12月起，英国博物馆开始对所有公众实行免费开放；2008年1月1日，法国正

---

① 哈里森·J·D. 90年代博物馆观念[J]. 博物馆管理与馆长，1993，13：166-176.

式开始实验性地实施博物馆免费开放，14座博物馆和纪念馆迎来免费参观者。2008年1月23日中共中央宣传部、财政部、文化部、国家文物局联合下发中宣发［2008］2号文件《关于全国博物馆、纪念馆免费开放的通知》。根据通知，全国各级文化文物部门归口管理的公共博物馆、纪念馆，全国爱国主义示范基地全部实行免费开放。各国的博物馆价格门槛在逐渐消隐，使得参观人数激增，各国博物馆的参观客流以倍数增长。于此对博物馆的进一步发展提出了更多样化的要求。

新的博物馆从神权走向人权，以物为主转向以人为本，藏品收集、陈列形式和观众教育方式成为现代博物馆工作的三个基本要素，是现代博物馆美学特征的表现形式（表5-1）。在汤家庆的博物馆美学论文中有提出："博物馆工作就是通过美的形式（陈列），将美的内容（藏品），传播给广大观众，以促进人的审美教育发展。[①]"

从神权到人权——走向生活的博物馆　　　　　　　　表5-1

	神权——旧博物馆	人权——新博物馆
主体	物	人
开放程度	封闭式，为统治阶级私有	向公众开放
职能	收藏	收藏—科研—教育
展陈形式	静态的、无分类陈放、封闭式	科学化目录分类，主题展示，观众参与式展陈
目标	宣扬统治阶层力量	尊重文化的多样性，强调终生教育，提高观众审美能力

5.2　迎合：艺技相融之美

博物馆是艺术、文化和历史的载体场所，它的发展深受社会主流思潮的影响。封建社会的神学宗教思想影响而孕育的"艺术殿堂"博物馆，到西方人文主义思想下人们对科学技术的探索思潮，科技开始对博物馆艺术、文化进行冲击，博物馆顺延着社会的艺术、文化哲学思潮而衍变出新的美学形态。近代的工业革命带来了机械时代，生产力的飞速发展，科技逐渐占据人类生活的主体位置，艺术伴随着科技的发展而向前延伸，以动态美为特征的现代媒体艺术兴起。科技是人类对自我所存在的世界的认知，科技的发展对于艺术既是推动，也是一股冲击，它打破了过去人们既定的有神论和惯性思维，打破了古典艺术流派的神圣地位。

---

① 汤家庆. 博物馆美学：跨文化的桥梁[C]. 博物馆学与全球交流，2008：5-8.

随着科技新媒介的发展而出现的艺术流派，把艺术创作者从传统架上绘画的艺术思维束缚中解放出来，把艺术实践扩展到新的领域。否定传统和过去的未来主义、破坏性创造的达达主义和复制时代的波普主义等流派是随着科技逐步深入艺术而相继演变，这些艺术美学流派把现代主义艺术推向了新的发展阶段，向后现代主义艺术发生转变。后现代艺术美学被称为是一种反美学的思维，它意在消解传统美学所践行的艺术与非艺术的对立界限和人为设定的条框限制。传统博物馆所代表的高雅艺术、纯粹艺术的围墙在艺术与非艺术界限的消解中倒塌，而现代与后现代主义艺术美学流派就成为摧毁这堵围墙的有力武器。

5.2.1 否定过去——崇尚机械美

现代主义艺术流派中的未来主义以崇尚机械美学，追求现代工业文明、科学技术而出现。同时全盘否定过去，誓与旧的传统文化作斗争，扫荡从古罗马以来的一切文化遗产，主张摧毁一切博物馆、图书馆和学院，反抗陈腐过时的传统绘画、雕塑和古董。这是1909年《费加罗报》上标志未来主义诞生的《未来主义的创立和宣言》中所强调的宗旨。

图5-2　贾科莫·巴拉《被拴住的狗的动态》（1912年），现藏于纽约现代艺术博物馆[①]

传统艺术所推崇的高雅美学被直接从"特权地位"拉下，科技的发展开始迎面冲击传统架上艺术，未来主义主张工业时代的速度美、噪音的韵律以及空间的循环。未来主义艺术家贾科莫·巴拉的作品《被拴住的狗的动态》（图5-2）中，运动物体在空间行进过程中所留下的多个渐进轨迹被全部容纳在一个单独形体上，仿佛是一张底片多次拍摄的结果。巴拉把狗的腿、妇女的脚、裙摆及牵狗的链子变成一连串的组合，留下它们在空间行进时的连续性记忆，以表达未来主义所追求的运动和速度美。翁贝托·波丘尼提出了未来主义宣言，其创作于1913年的《空间的连续的独特形体》（图5-3），正是体现未来主义思想的代表作。雕塑用青铜所铸的飘然曲

图5-3　波丘尼《空间的连续的独特形体》（1913年），现藏于纽约现代艺术博物馆[②]

① 来源：亚瑟·杰罗姆·埃迪（Arthur Jerome Eddy），立体主义与后印象派，1914年
② 来源：纽约现代艺术博物馆（http://www.moma.org/collection/works/81179）

面，表现一个昂首阔步连续性向前行走的人，雕塑的曲面体积没有受实际人体限制，像浮雕又像是二度的平面运动。

未来主义所强调的年轻、速度、力量和技术，否定传统的艺术观念和价值，极力表现工业革命所带来的"机械美学"的思想。未来主义强调的艺术结合科技的价值观和表现方式对后期的数字媒体艺术和"技术美学"提供了重要的借鉴意义。

5.2.2 破坏性创造——日常生活美

机器时代的未来主义重新界定了艺术与社会生活的关系，其崇尚科技机械美学，但其所采用的大都还是绘画、雕塑等传统创作形式。在现代主义艺术美学中充斥着破坏和创造，达达主义流派的出现正是一种宣扬着破坏性创造的生活美学。戴维·哈维曾言："在这个破坏性的创造和创造性的破坏的巨大破坏力量中，即使结果必定是悲剧性的，但证实自我的唯一途径就是行动，就是显示意志。[①]"

达达主义倡导"什么都是艺术"的生活通俗美学，强调审美日常化和日常审美化，完全打破了美学与非美学、艺术与非艺术的人为界限，推倒艺术家作为创造者在传统艺术中所享有的崇高地位，推倒高雅艺术的博物馆围墙，使艺术彻底走出纯粹艺术的博物馆。法国艺术家马塞尔·杜尚就是达达主义的典型代表人物，在1917年，他把一个从商店买来的小便池命名为《泉》（图5-4），署上"R. Mutt"并送到了美国独立艺术家展览，要求作为艺术品展出。杜尚认为"一件普通生活用具，予以它新的题目，使人们从新的角度去看它，这样，它原有的实用意义就丧失殆尽，从而也获得一个新内容。"人们称此为"现成品艺术"。杜尚的另一件"现成品"代表作是在《蒙娜丽莎》（图5-5）印刷品上，给蒙娜丽莎夫人加上了两撇小胡子，并取名为《L.H.O.O.Q》。在人们都把古典艺术奉若神明的时候，他以艺术非艺术、美学非美学的观念去"反艺术"、"破坏"、"毁灭"以消解艺术与生活的界限，也是对传统"再现"论的嘲讽。

杜尚曾经还与"动力学艺术"先锋拉斯罗·莫豪利·纳吉等人尝试运用物体的光学效果探索艺术中的"互动"与"虚拟"特性。如杜尚的《旋转玻璃盘》（图5-6）（1920年与曼·雷合作而成的光学仪器），是运用视觉艺术效果，由一个个转动的螺旋桨形成一个个不动的同心圆幻想的技术装置作品。此外，还有将摄影中的"拼贴"运用到实验电影中，完成了一部带有视幻效果的抽象动画电影。科技与艺术结合的创作真切地运用了现代科学原理和技术，真正脱离了单一传统的绘画、雕塑等架上创作形式。

---

① （美）戴维·哈维. 后现代的状况[M]. 阎嘉，译. 北京：商务印书馆，2003：25.

图5-4　马塞尔·杜尚《泉》（1917年）①　　　图5-5　马塞尔·杜尚《蒙娜丽莎》（1919年）②　　　图5-6　曼·雷、马塞尔·杜尚《旋转玻璃盘》（1920年）③

达达主义破坏性创造的生活美学，是对传统艺术的挑战，它破坏了传统艺术作品高高在上的殿堂地位，以展现自我意志的破坏性创造去阐扬生活美学，将大众的生活艺术和审美需求列入艺术创作的考虑范围。

5.2.3　主体消解——复制艺术美

在大众文化的艺术语境中，波普艺术的复制特性成为最根本的主题，"复制"消解了艺术的主体，消去了人与人、人与社会、人与艺术的距离，模糊了原作和摹本的界线。复制美学一方面把现代的都市大众文化艺术带入了艺术画廊和博物馆，但另一方面它使得艺术的原作不复存在，所有的艺术都是被复制出来的"类像"摹本。

波普艺术时代的到来把大众审美文化的发展推向了顶峰，大众文化时代的艺术宣言"人人都是艺术家"，承继了达达主义生活美学"什么都可以成为艺术"的中心观念。英国的波普文化先驱理查德·汉密尔顿（Richard Hamilton）总结波普艺术为通俗的（为广大观众设计）、短暂的（短期方案）、可消费的（容易忘记的）、低廉的、大批量生产的、年轻的（面向青年人）、妙趣诙谐的、性感的、诡秘狡诈的、有魅力的、大生意的，宣告着通俗美学的繁盛，流行文化时代的来临。波普艺术家的创作是以流行的商业文化形象和都市生活中的日常之物为题材，采用可复制量产的方式呈现。

美国波普艺术代表人物安迪·沃霍尔（Andy Warhol，1927-1986）的丝网印刷版画就是机械复制时代的典型艺术代表。他通过不断尝试各种复制技法，如凸版印刷、

---

① 来源：马塞尔·杜尚（Marcel Duchamp），1917年，《泉》。阿尔弗雷德·斯蒂格利茨（Alfred Stieglitz）在1917年独立艺术家协会展览之后在291（美术馆）拍摄的照片。
② 来源：https://gallica.bnf.fr/ark: /12148/bpt6k891103h/fg.image
③ 来源：https://www.mei-shu.com/famous/26226/artistic-64589.html/

橡皮或木料拓印、涂染技法、丝网印刷等，意在实现作品的复制性，实现机器式生产。他的作品都是以批量复制生产呈现，所作的《玛丽莲·梦露》（图5-7）和《坎贝尔汤罐》（图5-8）等都是采用丝网印刷的技术，通过对数张图片进行复制排列大量生产。沃霍尔曾宣传自己想成为一台机器，想像机器一样进行机械复制性的艺术创作工作。

图5-7 安迪·沃霍尔《玛丽莲·梦露》（1967年）

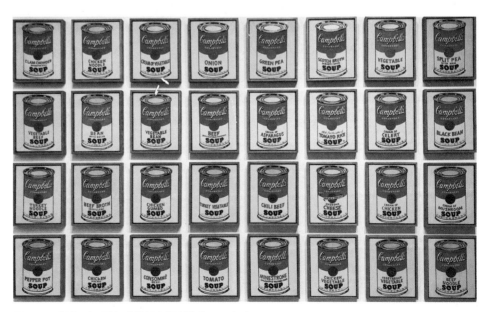

图5-8 安迪·沃霍尔《坎贝尔汤罐》（1962年）

过去在艺术中作为"主体"的人在消费文化时代已经被消解，波普大众艺术与复制性商品消费挂钩，艺术不再是艺术家表现自我意志，表达个人生活体验的途径。波普艺术的出现将普通大众并入了艺术受众者的行列，让艺术融入消费主义社会，完成艺术与大众文化的结合。波普艺术影响下的大众文化从边缘迈向舞台中心，成为社会的主流文化形态，依托在后现代主义社会背景下得以实现。数字媒体艺术与波普大众艺术有着许多共通的特征，同时也作为艺术大众化形成的另一个重要影响因素，它以数字技术结合前卫艺术家们的灵感和技巧，在大众消费时代的艺术、设计、媒体领域大放异彩。

5.2.4　科学应用——感官视觉美

光效应艺术是在抽象派艺术和波普艺术的反叛基础上建立的，抽象派艺术过于强调个人主观情感，而波普艺术过于通俗而缺乏艺术带来的感染力。光效应艺术的视觉美学现象是一种主观色彩，它基于格式塔心理和视知觉科学原理，去利用几何图形或几何形象制造光和色彩效果，运用色度和色彩的排列、形式与线条之间的张

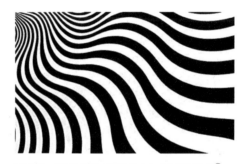

图5-9　布里奇特·赖利《Intake》（1964年）[①]

力，去带领观众进入一个视幻觉世界，强化了艺术作品与观众之间的交织时间。光效应艺术代表艺术家布里奇特·赖利所创作的《Intake》（图5-9）都是通过简单几何形体的重复，使人眼在观看这些黑白条纹时产生色彩幻觉，打破了纯绘画艺术和装饰艺术之间的界限。光效应艺术是对科学原理的合理应用，它的动态视觉效果，强烈的眼球刺激和新奇感，至今还渗透在数字化的艺术设计领域中。

5.2.5　艺技相融——数字技术美

现代数字媒体技术作为艺术的新载体，全面地介入到现代艺术创作中，而催生了全新的数字媒体技术美学形态。"研究人工创造的艺术，人工创造的美，称之为'艺术美学'。研究技术创造的艺术，技术创造的美，称之为'技术美学'。[②]"

早在20世纪中后期电子媒体日渐渗入人们日常生活的各个方面，电子媒介就被作为新的技术载体介入到艺术创作中。如白南淮所创作的影像装置艺术《电视佛像》（图

① 来源：http://www.op-art.co.uk/op-art-gallery/bridget-riley/intake
② 李立. 传播艺术与艺术传播[M]. 北京：中国传媒大学出版社，2015：111.

5-10），他将电子媒介技术视为新的创作工
具，以其为个性化表现的手段。从20世纪的
电子媒体到21世纪的数字媒体，媒体艺术是
在技术的支持下而创作出现的，技术成为艺
术的新载体，没有技术，就没办法实现艺术。
而观众的参与是媒体艺术成立的必要条件，
也就是说，媒体艺术需要吸引观众的注意力，
让观众至少实现心智参与，媒体艺术孕生出
当代艺术的生活化、交互化。现代艺术处处
都闪烁出科技的光芒，技术的发展美化了人
们的生活，为人们展现了一个全新丰富绝伦
的艺术世界。

图5-10　白南淮影像装置艺术《电视佛
像》（1992年）[1]

　　后现代思潮的多层次批判和怀疑，是现代社会文化和思想自由的基石。博物馆作
为艺术、文化、历史的载体，社会美学思潮的变化必然影响着博物馆的美学形态变化。
博物馆的美学形态顺延着艺术美学流派变迁而发展，从崇尚纯粹美学的古典主义艺术
到否定传统而崇尚机器美学的未来主义，张扬通俗美学、艺术走向生活的达达主义和
波普主义等，它们的发展历程不仅影响着现代博物馆的美学形态，还成为现代博物馆
展览内容的重要组成部分（表5-2）。如纽约现代艺术博物馆（MOMA）的成立就是
为了展示当代流行艺术的发展，在现代主义艺术美学思潮风靡时，现代艺术博物馆就
举办了如"机械艺术"（1934）、"神奇的艺术，达达，超现实"（1936）等现代主义
展览。

艺术美学流派演变图表   表5-2

艺术流派	美学形态	科技结合	经典作品	放置场所
古典艺术	崇高，悲壮，优雅	传统架上作画，脱离科技	《蒙娜丽莎》	法国卢浮宫
未来主义	机械美学，崇拜机械科技	以绘画、雕塑等传统艺术形式表现科技的形态	《被全住的狗的动态》	纽约现代艺术博物馆
达达主义	生活美学，消解艺术于生活的界线	以科技现成艺术产品为美	《泉》	法国巴黎法国国立现代艺术美术馆/美国费城艺术博物馆（复制品）

① 来源：https://www.artbasel.com/catalog/artwork/54254/Nam-June-Paik-TV-Buddha

续表

艺术流派	美学形态	科技结合	经典作品	放置场所
波普艺术	复制美学，以机器生产式的复制为特征	运用现代机器大量复制作品	《玛丽莲·梦露》	美国纽约惠特尼艺术博物馆（回顾展）
光效应艺术	光学、视觉美学	利用光学、物理学、心理学等科学原理，构建一个幻觉世界	《Movement in Squares》	英国泰特美术馆
数字媒体艺术	技术美学	科技与艺术交融，数字化媒介为艺术创作所用	《电视佛像》	泰特利物浦美术馆（回顾展——临展）

　　西方学者曾言"博物馆带有一种令人不愉快的色彩，它所描述的对象对于观察者来说是不再具有生命活力的关系，也就是说，这些对象是处于死亡过程中的，博物馆是艺术作品的家族坟墓。"后现代主义艺术美学思潮的演变是与科技发展相伴随行的，科技对艺术的介入，使艺术脱离传统架上作画，成为富有生命活力的艺术形态。当代的数字媒体艺术为博物馆带来了新形态，科技结合艺术的表现方式，博物馆呈现出跨越时间和空间限制的虚拟互动形态——无墙博物馆。无墙博物馆所描述的对象呈现是对艺术作品的复活，使艺术作品成为可触碰的互动对象。

5.3　重塑：无墙化体验之美

　　数字时代下，数字媒体将技术与艺术结合，使博物馆呈现出无墙化的新形态。无墙化博物馆带来的主体沉浸感、临场感使传统的审美距离消解。距离感的消解使审美主体融入审美对象。费瑟斯通说过"距离消解有益于对那些被置于常规之外的物体与体验进行观察。这种审美方式表明了与客体的直接融合，通过表达欲望来投入到直接的体验之中。的确，它具有解除情感控制的发展能力，它指导审美主体本身裸露在客体能够表现出来的一切可能的直观感应面前。[①]"当代博物馆秉承教育的社会化职能、以人为本的服务核心，越来越重视观众的体验感受。相比过去传统博物馆的艺术审美活动以玻璃柜、防护带，配以"请勿越线"、"禁止触摸"来进行物品展示，远远看去像一座"历史文物"的冷藏库。观众只能对展品保持一定距离的远观，审美主体与客

---

① （英）麦克·费瑟斯通. 消费文化与后现代主义[M]. 刘精明，译. 南京：译林出版社，2000：33.

体限定在一定的距离之间，使得观众的游览体验大打折扣。

新博物馆学中强调"要尽可能利用高科技的传播手段。主张结合陈列或其他教育活动，尽量利用最新的科技成果，特别是网络技术，即利用多媒体技术、虚拟博物馆等建立数字化博物馆。[①]"网络的高速发展直接影响到了实体博物馆作为人类文化记忆看门人和诠释者的权威地位，"没有围墙的博物馆"蔓延到了更宽广的现代语境中。

5.3.1　无墙化审美体验

体验是一种主体行为，斯克罗夫斯基说过"艺术之所以存在，为的是恢复人对生活的感觉，为的是使人感受事物……艺术是体验对象的艺术构成的一种方式。"体验美学作为无墙化博物馆新的美学形态，审美主体所体验的目的并不是纯粹认识客体的规律和属性，而是通过身心的参与式体验去理解和解释世界、历史和人生的意义。杜夫海纳认为艺术作品本身还不算"审美对象"，艺术作品必须加上"审美知觉"才能构成"审美对象"，所谓"审美知觉"就相当于体验。审美知觉相当于体验，审美个体的体验单靠艺术作品这个审美对象是无法给予全面的感受，审美体验是个体感性的感受体验，它是对传统理性主义美学的批判与潮语，将身心体验作为审美活动的重要组成，通过个体的身心体验去打破艺术与生活、理性与感性的二元对立。"体验美学"在市场经济高度发达的生产过程中得到推崇，在数字媒体时代中达到极致。随着媒介对人们日常生活的进一步渗透，新时代美学的定义开始外延。

这是一个体验、互动、交流的时代，基于互联网的新媒体艺术打破了传统的作品展示形式，审美群体可以在任何时间、地点实现作品的体验和创作。媒介技术的力量瓦解了西方古典艺术中"理性"、"非功利"为审美标准的理念，为消费主义时代的观众带来了多样的美学体验形式。

真、善、美是艺术的本质，也是社会的本质。无墙化的博物馆为观众带来的体验"美"是以博物馆蕴含藏品历史的"真"为基础、以教育服务大众职能的"善"为前提去创造的。对于体验美学层次的划分，王一川在《审美体验论》[②]中所提出的审美体验结构包含三个基本层次：一为过去的历次经验的层次，二为临景感受的层次，三为预构的未来感受的层次，体验美的瞬间是三个层次的有机统一。李泽厚提出悦耳悦目、悦心悦意、悦志悦神的审美体验三境界说。人们的体验感是一个循序渐进的动态过程，随着观览、感受、认知、理解、领悟的交替进行和相互渗透，依据体验由表层到深层不断深化。

无墙博物馆的审美体验分为感官愉悦体验、情感沉浸体验和思考代入体验三个层

---

① 甄朔南. 什么是新博物馆学[J]. 中国博物馆, 2001（01）: 25-28, 32.
② 王一川. 审美体验论[M]. 天津：百花文艺出版社, 1999.

次（图5-11）。博物馆是一所连接过去、现在与未来的储存场所，与人们的体验记忆的储存大体一致。观众踏入博物馆观览的感官愉悦体验为现在时状态，是一种感觉输入的浅层加工，浅层加工是分析物理和感知特征的过程，注意到刺激物的物理外观和构成。观览的过程中通过对某一具体展览物品的注意，观众开始提取过去的记忆与感官愉悦带入的情感对其进行中度加工。最终把思考和想象代入作品，完成深度加工，储存为新的体验记忆。

　　在广州博物馆镇海楼展区运用全息投影技术展出的"南下秦军武器"（图5-12），感官层面的浅加工为注意到刺激物——由360度的全息投影"秦军武器"的外观、轮廓等物理特征；中级加工为赋予刺激物"秦军武器"一个标签，例如所标注的秦军武器细节、用途解释；深度加工则为开始思考秦军武器所具有的历史意义，从它的历史背景到过去的使用场景，将投影的武器代入到文字叙事环境中，使观众的脑海完成一个层次递进的审美体验，并转化成新的体验记忆，同时也实现博物馆的教育职能。

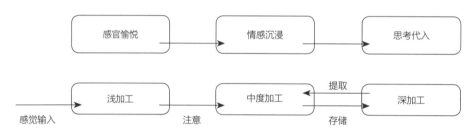

图5-11　无墙博物馆审美体验层次

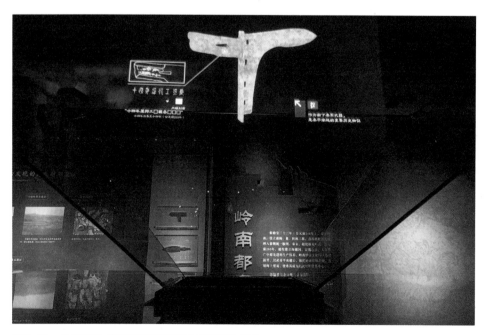

图5-12　全息投影"南下秦军武器"（广州博物馆）

5.3.2　感性—感官愉悦体验

　　无墙博物馆的审美体验是由非审美的感官愉悦体验转化为审美性的美感体验。人体所有的体验感觉都始于感受器。感受器是大脑和神经系统体验世界的开始，它检验刺激信息并将其传送至感觉（传入）神经和大脑的特殊细胞。感觉包括检测和传输不同种类的能量信息。[①]基于能量的传递类型，感觉器官和感受器分为5个主要类别（表5-3），包括视觉用于检测光，形成视觉感受；听觉用于感受振动，形成机械性感受；触觉用于感受压力，形成的也是机械性感受；嗅觉用于感受化学刺激，形成化学感受；同样的味觉也是用于感受化学刺激，形成化学感受。这些过程都有一个从感受器到大脑的特定过程。

感官传递：感受器—能量刺激—感觉器官　　　　　　　　表5-3

感受器	视觉	听觉	触觉	嗅觉	味觉
能量刺激	视觉感受：感受到光	机械性感受：感受到振动	机械性感受：感受到压力	化学感受：感受到化学刺激	化学感受：感受到化学刺激
感觉器官	眼睛	耳朵	皮肤	鼻子	舌头

　　感官体验是一种直接体验，是主体的感觉器官在接触到外界介入的刺激时，不假思索地在心里产生一种愉悦感。如看到苹果，无须过多思考和想象，苹果的颜色和形状就直接给人以愉悦。在艺术欣赏中，感官的直接体验与艺术作品直接接触，不受情感神志的蔓延影响。如看到一幅画，还未思索和明白画的主题和意义，就直接被画的颜色和构图所吸引，从而产生愉悦感。人们对感觉的体验是一个自下而上（bottom-up processing）的加工过程，感受器对外部环境信息进行登记，并将其发送到大脑中进行解释。

　　而在传媒时代，受众主体对于传媒艺术的审美愉悦是以娱乐快感体验为来源的。传媒艺术与娱乐共生为伴，娱乐体验是传媒艺术使人们产生审美愉悦的重要成分。娱乐是使我们的舒适和愉快的直接感觉兴奋起来时，又不要求有情感神志精神的干涉。"娱乐是通过轻松和谐的快感，使人在现实中的紧张得以"溶解"。席勒曾言：我曾经断言，溶解性的美适用于紧张的心情，振奋性的美适用于松弛的心情[②]。——因此，片面地受法则控制的人，或曰精神紧张的人，须通过形式得以松弛，获得自由。"所以感官愉悦体验是个体在体验数字媒体时的第一知觉体验，是最浅层的加工，也是最容易达到的体验层次。

---

① （美）劳拉·A·金. 体验心理学（第2版）[M]. 曲可佳，译. 北京：电子工业出版社，2018：80.
② 席勒. 审美教育书简[M]. 北京：北京大学出版社，1985：89.

在2019年9月中秋节期间，永乐宫壁画艺术博物馆与Faceu激萌相机软件联合推出了人脸融合技术的《我的神仙画卷》H5（图5-13）。它以永乐宫壁画艺术中的神仙人物为原型，置入现代流行的趣味相机，将观众与画卷人物相融结合。在《我的神仙画卷》H5中，上传正脸自拍照，将眼睛鼻子嘴巴对准中轴线，就可以生成DIY画卷，DIY步骤中可以选择性别、服饰、头饰、配饰和背景等，去完成最终的定制画卷。

图5-13　《我的神仙画卷》H5截图

在大众传媒时代，越来越多的博物馆H5涌现，如前面所举过的实现传媒时代的《第一届文物戏精大会》的例子，都是通过现今最大众的便捷式设备的传播，实现用户观众浅层、碎片化的感官娱乐体验。这类H5模糊了博物馆历史藏品与大众审美群体的分隔线，它通过数字审美媒介，以更强的感官冲击和娱乐快感得到观众的青睐。它通过融入网络流行元素，让观众在浏览的碎片化时间内，被新颖的动画形式所吸引而感受到感官上的审美愉悦，使人们瞬间"溶解"对博物馆的刻板印象，是博物馆无墙化审美体验形态的新尝试。

5.3.3 理性—情感沉浸体验

无墙化博物馆的情感沉浸体验是在感官体验的基础上发生的，是对直接的感受器官体验的进一步扩展和深化。在感官娱乐的体验阶段，还没有想象和移情的介入，主体是直接从艺术作品的外在感性形态中获得生理和心理愉悦。当主体的感官融入想象时，体验对象的重心就由客体移到主体自身，此时，体验就融入了主体自己的经历与情感。

如你邀请别人品尝你最喜欢的食物，别人给你的反馈只有耸肩和摇摇头，那就是感觉和知觉的区别。你们的舌头感受到的是同样的食物刺激，但是产生的知觉是主观的。在无墙博物馆的审美体验活动中，感觉器官的感受是客观的，参与观览的所有观众的感官感受都是一致的，但是在从浅加工进入到中度加工时，观众对于艺术作品的欣赏就会加入个人的知觉因素，从而使其变成主观的体验。

所谓情感沉浸体验是在审美活动中审美主体与审美对象发生情感上的共鸣。在情感沉浸阶段是一种对体验的认同，想象是占有主导地位的。

耀斯曾言："审美经验不仅仅是视觉（感受）的领悟和领悟（回忆）的视觉：观看者的感情可能会受到所描绘的东西的影响，他会把自己认同于那些角色，放纵他自己的被激发起来的情感，并为这种激情的宣泄而感到愉快，就好像他经历了一次净化。[①]"

情感沉浸体验满足把自己变成另外一个人以实现强烈欲求，把自己沉浸于一个理想的世界。在阿特金森——谢弗林的记忆理论中所记录，人的记忆存储是由三个独立的系统所组成，包括感觉记忆、短时记忆和长时记忆[②]（图5-14）。感觉记忆所保留的时间只有一秒到几秒的极短时间，它将外界信息保留在原始感觉形式中，非常的丰富而详细。正如在一个阳光明亮的早晨，你走在上课的路上看到的风景和听到的声音。

---

① （德）汉斯·罗伯特·耀斯. 审美经验与文学解释学[M]. 顾建光，译. 上海：译文出版社，1997：31.
② （美）劳拉·A·金. 体验心理学（第2版）[M]. 曲可佳，译. 北京：电子工业出版社，2018：195.

此时会有成千上万的刺激进入到你的感觉器
官——汽车的尾气、树叶的摇曳、叽叽喳
喳的鸟儿、行人的对话等。感觉记忆中的许
多信息只能在短暂的时间内保留。而一些引
起我们注意的刺激和信息，则会经过中度加
工进入到短时记忆中。短时记忆是容量有限
的记忆系统，需要我们使用一些策略来延长

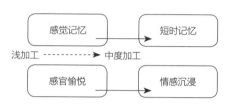

图5-14 从感觉记忆到短时记忆——从感
官愉悦到情感沉浸

它的存储时间，乔治·米勒（1956）在经典论文《神奇的数字7±2》[1]中，研究了短时
记忆的有限容量。米勒指出，如果没有额外的策略帮助，个体所能记住的信息是有限
的。无墙博物馆中的数字媒体技术应用中，就会通过环境的营造、叙事方法的创新等
使观众实现情感沉浸，从而完成短时记忆的加工。

2019年7月开始在中国国家博物馆展出的数字展览"心灵的畅想——梵高艺术沉
浸式体验"（图5-15），是通过360度全景全息投影技术，将200多幅原作还原成3D场
景来带领着观众走进梵高的艺术世界。第一部分是VR体验，VR里主要展现了梵高在
阿尔勒作画时所身处的环境和他所感受到并投诸画笔描绘出的景象，他的卧室，他的
麦田，他的咖啡馆，他的星空，他的阿尔勒夜色。戴着VR眼镜让人仿佛置身在梵高曾
经所处的世界，似乎伸伸手就可以拨动那片麦田，就可以抓住那突然飞腾的鸦群。在
第二部分的体验厅中循环播放着梵高的两百多幅动态画作配以悠扬悲戚的音乐，整个
循环周期是38分钟，在结尾处代表梵高逝去的孔明灯的场景、"命运决定我生来就是一

图5-15 心灵的畅想——梵高艺术沉浸式体验[2]

---

① （美）乔治·米勒. 神奇的数字7±2：我们信息加工能力的局限[J]. 心理学评论，1956.
② 来源：https://www.culturespaces.com/

个冒险家"的台词和萦绕的凄美音乐，使审美群体从最初的审美感官体验上升到了代入真实情感的沉浸式美学体验，不少观众当场落泪。

5.3.4　知性—思考代入体验

无墙博物馆的审美体验过程是从最浅层的感官开始，而又超越感官，它包含着感性情绪和理性思考。在审美体验过程中主体能打破以往的感觉与经验，对有限的生命活动进行思考。思考代入体验的过程实质上是一种自我反省分析的过程。朱光潜说："所谓反省，就是把所知觉的事物悬在心眼里，当作一幅图画来观照。①"思考中的感悟就是最深层的体验。思考代入体验具有超越性，它既超越了人所处的具体情境，又超越了这情境直接引起的心理反应，它是一种再度体验，或者说是对体验的体验。

从情感沉浸的短时记忆到思考代入的长时记忆，实质上是一个从中度加工到精细加工的过程（图5-16）。精细加工（Elaboration）②是指在记忆编码的任意特定水平，围绕某一刺激物建立许多不同的连接。精细加工就像是创建一张巨大的蜘蛛网，将新信息和一切已知的旧信息连接起来，从而实现观众对于所了解的藏品历史的长时记忆。

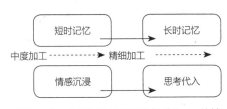

图5-16　从短时记忆到长时记忆——从情感沉浸到思考代入

2001年发生在美国的"9·11"恐怖袭击是一场噩梦，被恐怖分子劫持的民航客机径直撞向美国纽约世界贸易中心大楼，造成将近三千人遇难。位于美国纽约的"9·11"国家纪念博物馆就是在恐怖袭击的发生地——世贸中心的遗址上建立的。在思考代入的精细加工中，博物馆里的观众会把已知的旧信息与新的展览内容连接起来。世贸双子大楼留下的大坑建成两个6米深、占地4000平方米的方形水池，水池外围刻着遇难者的名字，水池四周的人工瀑布最终汇入池中央的深渊（图5-17）。让观众踏入博物馆前，内心的哀叹将"9·11"事件与遗址博物馆连接在一起，代入到最深的思考层面。

博物馆真正的陈列是位于110层高的世贸双子大厦遗址的地下层，博物馆除了陈列出大量的现场图片和实物残骸，还展出了来自48个国家，28种语言的"9·11"恐怖袭击回忆音频。遇难者的寻人启事在一大片的白墙上被投影出来（图5-18），馆内的每一个空间都弥漫着伤痛悲恸的情绪，使观众在参观中将已知的讯息与现场切实感受和了解的事件细节情节所串联在一起，形成思考代入后的长时记忆。

---

① 朱光潜. 文艺心理学[M]. 合肥：安徽教育出版社，1996：15.
② （美）劳拉·A·金. 体验心理学（第2版）[M]. 曲可佳，译. 北京：电子工业出版社，2018：192.

无墙化博物馆的体验是一种新的美学形态，无墙博物馆体验美学的三个层面是一种基于审美体验价值和数字媒体时代的特征进行的主观分层。通常情况下，我们在进行实际的审美体验活动时，并非只固定在某一个层面。无墙化美学体验的三个层面是交替出现，相互影响的。没有感官的直接体验就不会有情感沉浸体验和思考代入体验，情感的沉浸和思考的代入是对感官的深化和拓展。

图5-17　"9·11"国家纪念馆——纪念池①

图5-18　"9·11"纪念馆馆内展陈②

---

① 来源：https://www.911memorial.org
② 来源：https://www.911memorial.org

第 6 章

无墙博物馆的
叙事构建

6.1 无墙博物馆设计的叙事要素分析

6.1.1 叙事形态——空间蒙太奇

如第4章提及，蒙太奇是叙事性场域的表现手法。蒙太奇是根据"Montagey"音译而来，本是法文建筑学上的术语，即构成、组合、装配，将空间场景联系在一起，是一门空间艺术。苏联电影界借用了这个名词，将其技巧运用在电影镜头的组接，而后蒙太奇在电影领域发扬光大。例如"平行蒙太奇"、"对比蒙太奇"、"交叉蒙太奇"、"连续蒙太奇"、"隐喻蒙太奇"等。这些蒙太奇的运用在无墙博物馆中整合成为空间蒙太奇。空间蒙太奇的盛行绝不是偶然，它与人们日常的思维方式、审美经验以及传统的文化背景有着紧密的联系[①]。在日常生活中，人们可以通过两种方式观察和认识周边事物：其一，在不打破现实的时空统一下，进行事物的持续追踪。其二，在分割现实并打乱现实的时空下，进行连着看（想）或跳着看（想）。连续与离散、完整与分割、静止与跳跃，正是人们日常的活动、情绪、思维、心理的表现。而这种分割的、离散的、跳跃的思维方式被人们称之为蒙太奇思维。在博物馆进行文化传播的场域中，其完整与分散、静止与动态、连续与停顿的场景间，少不了蒙太奇艺术思维的连接，迎合观众的思维方式及审美体验，进行无墙化的文化信息传播。

空间场景的范围是固定的，但在有限的空间里营造不一样的空间氛围，贴合故事主体，则需要以下几个元素：作为环境氛围渲染的光元素、故事线的情节路径设置，以及辅助故事讲述力及移情化的道具。

1. 氛围渲染：光与影

在博物馆展示空间中，光线是产生一切视觉效果的基础。有光的地方就有影，而

---

① 邓烛非. 电影蒙太奇概论[M]. 北京：中国广播电视出版社，1998.

光线和阴影对于空间感的塑造及其关键。光影的设计形态可分为自然光与人工光。

图6-1 光之教堂——安藤忠雄
来源：百度百科

其一，自然光的恰当运用可塑造建筑的意象。这不得不提日本建筑大师安藤忠雄的成名代表作——光之教堂（图6-1），这座建筑的内壁根据太阳方位留出了十字形切口。每当光线照射该教堂时，就会呈现出光的十字架。自然光形成的特殊光影的巨型透光的十字架让信徒产生了一种接近天主的奇妙感觉。此外，自然光还可根据地域特征而设计日照光的引用方式。例如，太阳高度角大的低纬度地区，因为太阳光形成的光照投影小，建筑形制采用垂直线形式的哥特式建筑，而高纬度地区太阳高度角小，光线接近水平角度，可采用水平屋顶的希腊建筑。自然光在博物馆展示中的运用，除了需考虑日光和天空散射光照明所产生的光效外，还需充分了解不同季节、不同时间（时间可具体到早、中、晚等不同时间段）的光线属性、光线所呈现出来的不同色彩等。根据这些光影特征，策展者才有可能根据藏品内容的不同、属性的不同、叙述氛围的不同以及年代的不同，去选择并设计符合它们的自然光。此过程是协调光影与展览的统一，藏品故事的讲述与特征才能更有效地展现在观众面前，让观众进一步了解藏品[1]。

其二，人工光是由灯光设计师靠灯光照明所得的光线来强化展示视觉效果。此光源的设计可分为点、线、面三种元素。首先，点光源，为光影的基本形态和视觉艺术表现的基本元素，为博物馆的展示强化了视觉中心及视觉两点。它的体积小、变化大、布局灵活且随意的特点丰富了展示效果，例如密集排列的点会让人感觉到紧张及压抑，而昏暗环境中的点光源能营造星空般令人梦幻及向往的感觉。路易斯安娜现代艺术博物馆以只展示20世纪50年代后创作的现代艺术品为目的，强调新颖性的视觉效果，其利用现代的光影元素给观众带来了不一般的视觉体验，如图6-2。

其次，光影的"线"是"点"的移动轨迹，在博物馆空间展示设计中，线的类型由位置、长度、方向等它们的形态组成，曲线和直线则是光线设计形态中的基本划分方式。视觉心理分析研究表明，直线可看作具有雄性风格，给人的普遍的心理印象是具有张力、硬朗、明快且简朴的。直线的方向设计与心理感受亦不同：如垂直线会让人联想到树干、纪念碑等，给人肃穆、挺拔和向下垂直的感受；水平线则普遍让人潜

---

① 刘雅仪. 基于建筑现象学的博物馆体验式内部空间研究[D]. 广州：华南理工大学，2016.

意识联想到大草原、海平面、地平线
等，给人安宁、舒展和向两边延伸的
力感；斜线让人想到倾斜的物体、不
平衡、人的前冲等，给人以惊险、倾
倒、奇突的力感[①]。在博物馆中，利用
上述平行线、垂直线、折线、倾斜线
等可给观众不同的心理感受，营造叙
事氛围。曲线从生理和心理上看有雌
性气质，给人以婉转、柔软、优雅、
流利及旋律感。若在博物馆展示空间
中运用曲线光源，则会带给观众亲

图6-2　路易斯安娜现代艺术博物馆
来源：网络

和、自由、灵动的心理感受。最后，光影的面是博物馆展示空间中最常用的光影艺术，
若说点光源和线光源聚焦于博物馆场景氛围的烘托渲染，那么面光源则是更多聚焦于
博物馆里的故事。它可分布在藏品上，在零散的物品展示中予以视觉中心的聚焦，抑
或是分布在特定的场景中，让观众注意到该故事的情节发展。

综上，光影艺术在电影艺术中被广泛运用且体系成熟，它作为讲述故事的重要表
达因素，揭示了时间、人物情绪、影片的氛围基调、类型等。在空间蒙太奇中，光影
起着同样的作用，是三维空间叙事连接的氛围烘托剂，是与观众审美体验及心理感受
密切相关，是博物馆设计无墙化的重要辅助元素。

2. 氛围装饰：路径与道具

路径是描述空间蒙太奇技巧的另一个术语，它通过将各个同质或异质的空间相连
接，在建筑设计中承担着空间序列展开的重要作用。蒙太奇思维的路径设计与建筑设
计的路径所不同的是，它是围绕叙事展开的。这种叙事结构是建立在观众对空间的观
察上，并不遵循一个事先预设好的流线空间序列[②]。

道具在舞台戏剧表演中最为常用。启蒙主义者狄德罗认为，演戏或写戏时应想象
舞台边有堵隔离观众的墙，因此建立了虚幻且透明的"第四堵墙"。道具的使用可以拉
近观众与戏剧的心理距离。乔治·梅里耶对待每场剧情的道具场景布置，都由自己亲
手制作，还原真实场景。他的代表作《月球旅行记》（图6-3）运用虚实结合的方法塑
造了一个荒诞有趣的故事，"虚"是设定的场景与故事线，"实"是丰富的道具。

① 刘寅. 绘画构图要领[M]. 武汉：湖北美术出版社，2016.
② 包行健. 空间蒙太奇：影像化的建筑语言[D]. 重庆：重庆大学，2008.

图6-3 乔治·梅里耶《月球旅行记》

6.1.2 叙事方法——叙事话语

1. 叙事时间：故事时间与叙事时间的关系

热奈特认为，故事的时间是多维的：在故事中，几个事件可以同时发生。叙事时间是线性的：在叙述中，叙述者不得不打破这些事件的"自然"顺序，将它们分序排列，再进行讲述。故事与叙事时间上的不同表现特点，为达到某种时间顺序修改的美学目的，而开创了多种可能性。故事时间与叙事（伪）时间的关系由三方面展开：

其一，时序。即故事中事件接续的时间顺序和这些事件在叙事中排列的伪时间顺序的关系。热奈特将故事时序和叙事时序之间各种不协调的形式称为时间倒错。时序里包含倒叙、预叙。视听的倒叙为闪回。为了表现返回过去，早期电影经常运用到人物的虚幻目光与渐隐或叠化的结合。在博物馆陈述过去事实中，通过倒叙将观众带回从前是最常见的手法之一。

其二，时长。即这些事件或故事段变化不定的时距和在叙事中叙述者与事件的伪时距（作品长度）的关系，就是事件或故事实际延续的时间和叙述它们的文本长度之间的关系，即速度关系。例如在一本小说中，用190页的篇幅叙述3个小时内发生的事，或用8行概述12年的故事内容。由于篇幅很长，但覆盖的故事时间很短的场景不断增多，叙事的速度逐渐缓慢，与此同时出现了越来越多的省略。而传统的四个叙述运动"停顿、场景、概要、省略"改变了叙述节奏的总体系。在博物馆空间中，一个故事的叙述时长决定了该故事的情节节奏，将重要信息突出，形成对比。

最后，时频。即故事重复能力和叙事重复能力的关系，即频率关系。可分为四种形态：A.单次性叙事：一个叙事用于一个故事（如昨天我很早就睡了）或不定次数的叙事用于不定次数的故事（如星期一，我很早睡了。星期二，我很早睡了。星期三，我很早睡了）。B.重复化的叙事：不定次数的叙事用于一个故事。（如昨天我很早就睡了。咋天我很早就睡了）。C.反复体的叙事：一个叙事用于不定次数的故事（如长期以来我睡得很早）。反复体的叙事只有在蒙太奇的层次上才能真正地建构。

由以上看出，故事时间的多维性，包含着过去、现在、将来。故事时态的不同及故事情节的侧重点不同，让叙事时间的设计规划分成了三方面：时序、时长、时频，此为叙事时间的三要素。这三要素掌控故事情节的节奏及内容，根据侧重点的不同，通过叙事时间的设计方法，将故事的重要信息内容传达给观众。这种方式从在博物馆排除观众知识疑惑，加深观众对文化的认知理解方面看是具有一定帮助作用的。

2. 叙事空间：同一性与相异性

电影导演库里肖夫（Kuleshov）曾做过一个著名的实验。他为了表现一个演员面无表情的特写镜头，将此镜头分别与一个小女孩、一盆汤和一口棺材的镜头剪接在一起，并分成三段进行放映。结果，该演员的相同的面部表情分别被观众理解为父爱、饥饿和悲伤。库里肖夫由此意识到，电影镜头的并列剪辑画面能给观众带来不同的情绪变化。而这种能带给观影体验的变化被看作是电影蒙太奇的精髓。在电影蒙太奇中，两个电影空间或场景的剪辑对电影叙述起着重要作用，不同镜头的剪接将带来截然不同的观影体验。电影叙事学将两个镜头之间的空间组合分为两种形式，如图6-4所示。

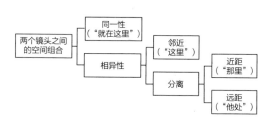

图6-4　两个镜头之间的空间组合方式[①]

由上图可知，电影叙事学中空间分为同一性及相异性。空间的同一性即"切入"，即同一空间从全景到近景（或特写）的衔接。它利用两个镜头的过渡，重复第一时间见过的空间的一部分。这样，第二个镜头展示第一个镜头的某一细节。而空间的相异性即邻接与分离。邻接指第二个空间直接处于前一个镜头所展现的场景外边。如交谈时用的不同角度的过肩镜头（这两个镜头处于同一空间）。分离指摄影机让我们跨越被一道墙隔开的两个邻近空间，而不是通过一个人物从此到彼的过渡，这两个空间就被认为处于互相分离的关系。分离有两种不同的方式：两个空间的近距离组合与远距离组合。

同理，在博物馆的展示空间中，视觉上不同场景间展示物品序列的编排将会带给观众不一样的观展体验，不同物品的链接往往也产生不同的故事性。无墙博物馆将通过倒叙、插叙等辅助方式，将展示物品所承载的涵义带给观众[②]。

① 来源：（加）安德烈·戈德罗（Andre Gaudreault），（法）弗朗索瓦·若斯（Francois Jost）. 什么是电影叙事学[M]. 刘云舟，译. 北京：商务印书馆，2005.
② 李伟洛. 环境设计中的空间蒙太奇与场面调度[J]. 艺术教育，2016（05）：200-201.

3. 认知聚焦：观众与藏品故事的关系

叙事学研究发现，在"叙述人"与"人物"、"观众"与"人物"之间存在着信息不对称现象，从而形成"信息落差"或"知悉落差"。导演阿尔弗雷德·希区柯克（Alfred Hitchcock）的"炸弹比喻"成为这种"差异知悉"[①]带来悬念问题的最经典的解释之一——即桌子下面随时都可能爆炸的炸弹就是一个对桌边人生死攸关的危险信息。如果提前让观众知道这一危险性的存在，便会产生5分钟的悬念，反之则只能使观众产生15秒的震惊。叙事学家米克·巴尔则将此悬念设定为某种程序，将读者与人物关系区分（"+"表示知道，"−"表示不知道）为四种：读者−人物+（迷，侦探故事，探寻）、读者+人物−（凶兆）、读者−人物+（秘密，例如《老人旧事》）、读者+人物+（无悬念）。在博物馆空间进行叙事时，悬念同样起着重要作用，在这里，读者可比喻为观众，而人物则是藏品里的故事。那么四种形式可成为：

观众−藏品故事+（迷，侦探故事，探寻）、

观众+藏品故事−（凶兆）

观众−藏品故事+（秘密）

观众+藏品故事+（无悬念）

在电影叙事性艺术中，聚焦同样承担着影响认知的功能。它由热奈特提出，表示"谁看或谁感知"的问题，并将其替代叙事学中的"视点"、"视野"、"观察点"的术语，即为了有意淡化其过于专门的视觉含义，而突出其认知的功能[②]。电影中的聚焦主体包括故事的叙述人、故事中的人物及观众。安德烈·戈德罗和弗朗索瓦·若斯特将认知聚焦分为"内认知聚焦"、"外认知聚焦"和"观众认知聚焦"三种类型：其一，叙述者>人物，即观众比人物知道得多，是"观众认知聚焦"；其二，叙述者=人物，即观众所知等于人物，是"内认知聚焦"；其三，叙述者<人物，即叙述者说的比人物知道的少，是"外认知聚焦"。同理，在博物馆空间中，藏品故事与观众间存在着信息缺失或不完整的情况，如表6-1所示。

博物馆叙述中的认知聚焦　　　　　　　表6-1

分类	认知关系	观众接受信息情况
内认知聚焦	观众=藏品故事信息	无
外认知聚焦	观众<藏品故事信息	剩余
观众认知聚焦	观众>藏品故事信息	缺失或不完整

---

① （德）曼弗雷德·普菲斯特（Manfred Pfister）. 戏剧理论与戏剧分析[M]. 周靖波，李安定，译. 北京：北京广播学院出版社，2004.

② 张寅德编选. 叙述学研究[M]. 北京：中国社会科学出版社，1989.

6.1.3 叙事表达——故事板

叙事的"事"在《大辞典》中这样解释道："叙述其事实也亦作序事。"《辍耕录·文章宗旨》："叙事如书史法，《尚书·顾命》是也。叙事之后略作议论以结之，然不可多。"从这段文字可以看出，在中国的古代叙事的事有两种含义：其一，事为"事实"；其二，事为"议论"的存在。叙事即为"讲述事实"。随后，西方叙事学研究的引入，让我国对叙事有了新的定义。内陆学者李幼蒸的《符号学导论》一书中指出："叙事学首先也是对文学故事文本的研究。拖多洛夫（Todorov）最初在为叙事学下定义时，认为它是关于故事的研究。在故事叙事学中，叙事对象将比一般话语中的语言对象丰富和复杂，既涉及表达面又涉及内容面，既涉及叙事文本的语言结构，又涉及由叙事行为者体现的行为和故果的问题[①]。这里的"事"指"故事"，是可以缺乏事实成分的"事"。

"故事线"是博物馆展示规划理论中的专业术语。学者汉宝德在《展示规划理论与实务》中重新对博物馆的"故事线"做出了说明，他认为源于西方的故事板（Story Board）涵义是展示的纲目，即剧本，而故事线有空间组成的意思，用"线"字，代表故事脉络的发展，但两者意义完全不同，"板"字强调空间，更适合运用于博物馆的展示规划中，因为博物馆展示就是一种空间艺术[②]。汉宝德还认为叙事思维在空间与文本间的差异，也就是"故事板"与"故事线"的差异，是一种包含关系，"故事板"里包含着"故事线"。在戏剧中，故事板包括台词、声效、镜头、演员、事件顺序、时间长度等，也被称为"可视剧本"（Visual Script）。由此可见，故事线代表着事件顺序及时间长度，它与故事板最大的区别在于故事线缺乏实质的空间性。博物馆作为三维的、流动性故事线的空间，应采用故事板的展示叙事工具，将物、人、事、媒介等多方面的因素综合。

6.2 场域间的叙述——叙事话语与空间蒙太奇

场域间的叙述性连接了两个场域，正如前文提及，空间蒙太奇连接两个场景的手法是博物馆叙事流稳定性及衔接性的基础，而叙事话语与空间蒙太奇的共同运用为叙事流增添了更多的可描述性，让观众成为博物馆叙事的主体。

---

① 李幼蒸. 理论符号学导论[M]. 北京：社会科学文献出版社，1999.
② 汉宝德. 展示规划理论与实务[M]. 台北：田园城市文化事业有限公司，2000.

6.2.1　场域内元素的互利共生

无墙博物馆的场域间的叙述实际上是借助媒体的力量而实现与观众零障碍的沟通。因此，我们首先借助电影艺术里空间蒙太奇的运用，阐述了如何在博物馆三维空间里运用媒体实现叙事话语与空间蒙太奇的结合。

"互利共生"的概念来源于生物学科中两种不同生物间直接或间接的不断地发生紧密的互利关系。现今，中国的传统文化艺术间的关系是患难中的同胞，同时也是利益的共同体，它们通过跨学科融合实现互利共生的目的，在日益变化的时代下寻找适合自身的发展道路。在新媒体粤剧艺术展《粤声粤色》中，策展者利用传统的纸雕元素与粤剧元素结合，设计了3款《粤剧主题纸雕灯》，如图6-5。设计者提取粤剧的元素《雷鸣金鼓战笳声》《梁祝》《穆桂英挂帅》，以立体纸雕作为载体，将粤剧艺术的唱、念、做、打的表演方式以"心率交互灯"的形式呈现给观众。观众触摸纸雕灯的顶部，纸雕灯的背景颜色将随着观众心率的跳动从黄色变为紫色，带给观众视觉盛宴的同时，也带来沉浸喜悦感。在场的不少观众询问着此灯的"是否售卖"情况是对此设计的认可。在展示过程中，纸雕艺术带给粤剧新的展示方式，粤剧赋予了纸雕新的涵义及内容形式。两者的"共生"有效地发挥了各自的传播意义，并呈现了新颖的视觉美。

除此之外，图形符号包括文字、图片、符号，是博物馆展示视觉语言的重要组成部分。粤剧艺术博物馆（以下简称粤博馆）的主展厅室内的布局以图文和互动设备结合，如图6-6。策展者将粤剧特色艺术以数字化的形式储存在视听电子设备中，并配置在特定的展板区域。比如，粤剧表演艺术的四功五法的展示。策展者在观众的视觉顶端以文字符号的形式讲述粤剧表演，在观众的视觉中心配套了图形解说与互动内容。如图6-7所示，其将粤剧演员的武功"十八罗汉架"表演制成图片形式的连环画，按"伏虎"、"大肚佛"、"引龙"等序列依此标注连成十八个动作，就像一本真实地呈现在

图6-5　粤剧主题纸雕灯（纸雕元素与粤剧元素共生）

观众面前的武功秘籍。图片上方的解说屏
提供了四功五法的交互影像视频解说。其
设置"手眼腰腿步"、"身段程式"、"穿戴、
道具"、"象征、虚拟"、"毯子功"等内容
供观众选择观看，让观众脱离了传统影像
单向性叙事的"暴力美学"①。在这片展示区
域中，文字的图像化弥补了文字叙事的单
调性，观众与影像的交互是对文字图像信
息的进一步理解与接受。此过程中，文字
与图片是递进的关系，观众的互动参与弥
补了叙事的导向性，加强了展示视觉语言
中，图片及文字语言的叙述力。

图6-6　图形符号语言与互动视听设备结合
的展区

图6-7　"四功五法"的图形、文字与互动展示

6.2.2　场域氛围的渲染和解读

1. 心理场域的创造——光的艺术

　　博物馆场域的氛围影响着观众参观过
程中的心理感受。在观众参观过程中，不
同场域的氛围能触及观众的情绪，将有可
能打动观众并产生共鸣。光的运用，是场
域的氛围渲染中不可或缺的重要因素，通
过光照射角度以及光的强弱形成的造型和
色彩能营造出不同的气氛。

　　光照角度在博物馆展示空间中，根据
场域的主题不同，带给观众不同的心理感
受。正如前文提及，根据光照角度的不同，
可分为垂直光、平行光和斜光等，不同光
照角度的应用，营造了不同的心理场域。
例如，位于广东省广州市的辛亥革命纪念
馆，在其展示空间中，策展者运用较多的
由上至下的垂直光源，如图6-8。这种垂直

图6-8　辛亥革命纪念馆的纪念碑垂直光源

光源给观众视觉效果上的挺拔向下，展示了辛亥革命纪念馆的庄严与肃穆，营造了一种

---

① 郝建. 美学的暴力与暴力美学——杂耍蒙太奇新论[J]. 当代电影，2002（5）：90-95.

庄重、严肃以及带有威严的观众心理场域。

色彩既是影视画面的视觉符号，也是抒情符号。其本身不具备情感因素，但色彩作用于人的大脑，使人产生了联想与回忆，加深了人的切身感受，赋予了色彩不同的感情，从而达到唤起人们情感的目的。一般人们把色彩分成以红色、黄色为主的长波光作为暖色暖色调，以及以蓝色、绿色为主的短波光作为冷色调。前者能引起人的视网膜的扩张性反应，使血液流通加快、神经系统兴奋，给人热情温暖的感觉；后者则能引起人的视网膜的收缩性反应，使血液流通减缓、神经系统抑制，形成冷静清凉的感觉。心理学家指出，不同的色彩使人产生不同的心理反应，如红色使人热烈，象征着温暖；蓝色使人平静，象征着和平；绿色富于生机，象征着生命；黄色较为明快，象征着温馨；白色轻，象征着纯洁；黑色重，象征着悲哀。这些色彩不仅自身给人不同的感受，而且它们之间的匹配和调和还会产生更复杂的组合。例如，美国休斯顿美术馆（The Museum of Fine Arts, Houston）的光色彩的应用，如图6-9。它引用了一种特殊且透明的材料，让自然光从中穿透并直射在地面上。视觉效果上，地面呈现出蓝色和绿色组合的冷色调，材料上则呈现出红色和黄色为主的暖色调。此区域囊括了两种色调的组合，给予观众更饱满的视觉体验。另一方面，这种光影的结合，是一种融合的艺术形式的表达，体现着美术馆艺术性象征。它不局限于色彩构成，尝试着两种色调的矛盾组合，类似于中国道家的"阴"与"阳"。"圆满"的体验能够给予观众完整的心理感知，填补信息缺失的心理感觉。从另一个角度来看，这种具有矛盾与相融的光影艺术营造了完整的心理体验及信息可能性完整，让观众了解博物馆，迈进无墙。

图6-9　美国休斯敦美术馆的组合光源
来源：网络

2. 场域故事的解读——路径的设计

博物馆空间中的路径的设置是博物馆场域间故事序列展开的基础。空间蒙太奇路径的设置恰恰是围绕叙事展开，而这个叙事的结构是建立在观者对空间的观察之上。路径的设计效果大致分为两类：

其一，博物馆围绕着一个主题故事展开。子场域间的小故事相当于主题故事的情节，情节节奏的设置是该博物馆叙事渲染力的基础，可分为"开端—发展—高潮—结局"，或者伏笔，又或者出乎意料的情节。辛亥革命纪念馆是为纪念辛亥革命战争，弘扬烈士们为救国救民而无私奉献的中华民族精神，而广州是辛亥革命的策源地和主要战场，是革命先行者孙中山先生开展革命活动的地方。辛亥革命纪念馆是为纪念孙中山领导的辛亥革命活动而建的一座专题纪念馆。在辛亥革命纪念馆入口处，设置了一条斜着延伸直通大门的道路——寓意着"共和之路"，如图6-10。道路上随机陈列着辛亥英烈铸铜雕像，似在沿路而行。作为参观流线的主轴，当人们穿梭于英烈雕塑丛中，仿佛时空又回到了辛亥革命那激情燃烧的岁月。穿越厚重的石壁，尽端豁然开朗，象征着辛亥革命翻天覆地，揭开推翻了满清帝制的序幕和石破天惊的曙光。中山先生背影雕像矗立在路的尽头，又是路的最前方，似在思索中国未来的方向。在辛亥革命纪念馆展厅内，由多个不同故事情节的子场域构成，分为"晚清的民族危机→甲午战败后的空前变局→革命运动的蓬勃发展→辛亥前夜的斗争风潮→辛亥革命高潮的到来→开创民主共和制度的新纪元→共和新气象→捍卫共和制度→寻求新的救国道路"。该

图6-10　广东省辛亥革命纪念馆入口处路径的设置

情节的设置是属于基本节奏的。在广东省辛亥革命纪念馆的空间展示内，并无多余的出入口，而是一条线路引导着观众走完辛亥革命的历程。

其二，博物馆传递着某种文化信息，包含着不同故事的子场域，且故事间并没有联系。此类型的博物馆多为综合性博物馆或地质型博物馆。博物馆将两个并不相连的场域分开进行路径的设置，例如广东省广州博物馆。广州博物馆位于广州风景秀丽的越秀山，馆址镇海楼。而镇海楼建于明洪武十三年（1380年），是永嘉侯朱亮祖修缮广州城时，北城垣拓展至越秀山上时建造的城楼。广州博物馆经过不断发展，现除镇海楼展区外，同时还有广州美术馆、三元里人民抗英斗争纪念馆、三·二九起义指挥部旧址纪念馆三个分展区。每个展馆所讲述的故事不尽相同，但却向大众传递着广州的特色文化及历史沿革。我们拿广州博物馆总馆的路径作分析。广州博物馆的展示场域分为镇海楼场域及仲元楼场域。在镇海楼场域中（图6-11），主要讲述了广州五六千年来的城市发展及文化风俗的故事。观众首先来到镇海楼，领略镇海楼的历史韵味及一观广州市的秀丽风景。或者观众可首选专题展览，直接接受广州风俗文化变迁的洗礼。场域最后的故事结束点落在了清代炮台。在仲元楼场域（图6-12），线路穿过了碑廊、王羲之法帖石刻、18~20世纪初广州外销艺术品展、自然馆，而后再次穿过碑廊，来到海山仙馆石刻，穿过越王台，形成了一个椭圆形的循环路径。广州博物馆场域以花园路径为主，将广州市风景秀丽、人土风情展示给观众。这是一座没有围墙的博物馆，在路径设置上，连接了社区、花园，而在观众分类上，则有特定的路径设置引导。

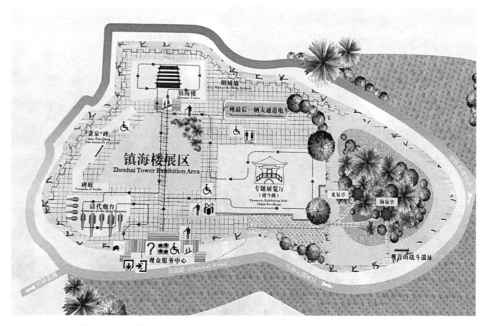

图6-11 解读镇海楼场域故事的路径设置

3．场域时空的体验——时态的切换

博物馆向来都是重视体验的场所。它们通过各种资源，为人们带来一种难忘的体验[①]。随着时代科技的进步，博物馆利用不同工具进行体验场所的建设亦有所不同。最近几年，博物馆开始使用带有传感系统的大型投影来捕捉观众在博物馆中的行为方式。观众可以站在播放着视频或文本的画面前方，通过身体的摆动控制画面，从而与系统展开互动。在无墙博物馆中，体验是延续整个时间段的，叙事可经历过去、现在以及未来。

（1）道具语言的虚与实

道具装置是博物馆向观众叙述主题的佐证材料。传统博物馆的道具装置以陈列的形式摆放在主题空间中，有的以重点叙事线辅以解说，有的起烘托主题氛围的作用，满足观众参观的视觉效果。在广东省粤剧艺术博物馆中，粤剧服饰道具是粤剧文化传播的象征，其色彩图案

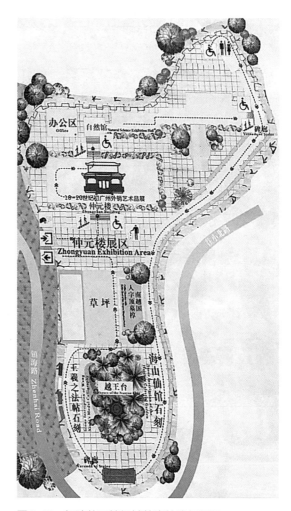

图6-12　解读仲元楼场域故事的路径设置

具有表达人物身份与性格特点的作用。在展示过程中，粤剧服饰道具不仅是烘托主题的作用，而且是传递粤剧知识的重要工具。比如，粤博馆的"女大甲"服饰的交互展示。策展者将半透明的互动屏置于"女大甲"服饰的前面。观众走进粤剧服饰展览区，将会看到虚实结合的服饰，如图6-13。观众用手向下拖动屏幕，可阅读"女大甲"服饰的完整介绍。观众用手点击服饰的线框区域，如"扣肚"，屏幕将呈现该配件的名字来源、穿着方法及功能作用的介绍。实物与数字化的结合，创造了科技与传统融合的"虚与实"产物，满足现代观众追求"新"、"异"、"奇"的视觉效果，并在互动过程中带给观众基于现实的情感仿真。

①（英）达尔夫·殴瑞利，费纳罗·克里根. 营销艺术：一种新的方式[M]. 周立，译. 上海：上海书店，2017.

图6-13 服饰道具与半透明数字化屏幕形成的视觉效果

（2）体验行为的古与今

多学科融合、多载体及跨媒体的多元化设计方式已成为21世纪文化创新设计的重要部分[1]。例如，广东省广东工业大学艺术与设计学院设计的新媒体粤剧艺术展《粤声粤色》。该展融合了新兴科技，以观众与展品互动为主要方式，以新的艺术形式展现粤剧艺术。其中，粤剧表演艺术是粤剧文化的重要特征之一，同时也是向大众传播粤剧文化的载体之一。在新媒体戏剧舞台中，粤剧表演者与平面构成中的"点线面"元素共同演绎粤剧的表演。在此展览中，策展者设计数字化的"点线面"元素的戏剧舞台背景。当表演者开始表演时，其肢体的动作将引起元素的变幻。粤剧表演者甩袖时，"线"将感应到表演者的触碰区域，进行波动，幻化成"点"和"波纹"（图6-14）。对比传统戏剧舞台，其将粤剧舞台搬至观众面前，通过加强观众的视觉刺激而吸引观众的注意，拉近粤剧表演与观众的心理距离和物理距离，从新的角度构建粤剧向大众表演叙事的途径。

图6-14 粤剧表演者与"点线面"元素的互动表演

---

[1] 贾云鹏，蔡东娜. 基于情节互动的交互性叙事形式探索[J]. 电影艺术，2013（03）：93-101.

6.3 人、媒介与场域——故事语汇的重置

如前文提及，"故事线"虽是博物馆展示叙事中的专业术语，但线强调的是平面，而在博物馆展陈的三维空间里，以其潜在的、自由的、流动的时间序列特征，辅以多种媒介的展示：文本、图像、视听解说及遗址等试图链接"物"与"人"之间的联系，形成了平面设计、撰稿、媒体设计以及景观设计等多学科汇聚的生态环境。这是立体的、三维的、复杂的、具有关联性的叙事形态。故事板是结合空间蒙太奇的，包括了空间布置、叙事线的安排以及人物与故事、道具的联系等，是博物馆无墙化的叙事呈现。

"故事线是透过研究而来，并由展示语汇串连而成……卡麦隆（Dunca Cameron）应当是尝试建构展示语汇的第一人，他将博物馆中的物件当作名词，物件之间的关系比喻为动词，并将说明版、展场环境及设计等辅助性媒材视为形容词与副词。"在无墙博物馆中，博物馆中的人与物当作名词，场域作为形容词或副词，而观众与物的沟通媒介则为动词。

6.3.1 作为名词的人与藏品

传统博物馆的叙事中，藏品作为名词而被修饰，往往忽略了观众作为另一个名词的主体性。随着新博物馆学的出现，以藏品为展示中的主体的观念被颠覆，逐渐转向以人为中心。在新媒体环境下呼吁博物馆无墙化进程中，观众作为博物馆的另一个主体性名词的身份逐渐凸显。《梦的解析》弗洛伊德认为，人类总能把碎片式的梦组合成完整的故事而讲述出来，是因为人类天生具有叙述故事、追求叙事的本能反应，即使述梦者并不知情本身在撒谎。随着观众对生活需求满足感的日益提高，他们不再愿意充当一名沉默的旁观者以及处在观看时不给予讨论和交流的美学暴力中，他们期待发声，期待参与，从视频上动辄百千条的弹幕便可窥一斑，因此单一性、封闭性的传统博物馆叙事遭受挑战。如今，无墙博物馆观众与藏品的关系是主客双向的交流关系。藏品将本身的故事传递给观众，例如，美国大屠杀纪念博物馆，观众选择大屠杀中真实受害者的身份，并按照展览路线要求行走，若个人脚步声被发现，则遭到杀害。而观众可将接受的信息进行补充或者二次建构，完成对藏品的解读。因为博物馆展示所面临的展品真实性无从考究。正如约翰·波谱·亨尼西爵士指出："……博物馆整体情况天生就是人工的。所展示的物品是服务于各种不同目的的，我们唯一可以确定的目的就是这些物品不是为要进入博物馆展示而设计的，它们已经被从原来的背景曲解了，并且偏离了它们最初的设计目的。这是博物

馆所面临的窘境"。藏品文物的真实性看似无法在当今语境下复活，但是毕恒达诠释了Csikszentmihalyi和Rochberg Halton提出的交互论的观点，认为人会随着时空的转换而与物品产生不同的交互关系。这种交互关系是博物馆叙事中最根本的任务。历史性藏品与现代观众形成了对等的名词主体性关系，观众借由其真实性的特点，辅佐历史叙事，使参观者在经历不同的叙事历程后，能够探索出一个完整的文化面貌，即使缺少绝对的真实性，但也赋予文物新的意义，同时观众也得到了知识的刷新。相互作用论无疑是无墙博物馆叙事体现的核心。

6.3.2 作为形容词的场域

如本章第二节提出，无墙博物馆设计的场域是具有叙事氛围及故事解读的重要作用，它是连接观众与藏品间不可缺少的平台。新博物馆学强调社区、文化与自然环境的相互链接，文化的整体主题氛围应延续至展厅中。因此现代博物馆的场域叙事设计，是公众与文化、自然产生情感共鸣的必要手段之一。例如，粤博馆（广东省粤剧艺术博物馆）作为形容词，它将古今链接、社区链接，完善粤剧的文化表达形式。其设计的场域是符合新博物馆学的主张。19世纪广州经济的繁荣，东西文化的交流融合形成了人们的文人审美。在剧院成为粤剧演出主流之前，园林是粤剧表演的最佳载体。人们畅谈会晤的同时听一折子戏，成为当时生活方式的追求。粤博馆的空间设计巧妙地复原了当时"离大殿十数步外湖中水面有戏台一座"的场景。其建造了博物馆与社区来往的桥梁，成为广州独一无二的"没有围墙"的博物馆。桥的一端连接公众的生活区，另一端连接着粤博馆的公共活动空间。公众可通过这座桥梁随时穿梭于园林与社区。粤博馆的园林设计是仿造广州著名的海山仙馆而生。海山仙馆是粤韵余音回响的重要之地，积淀了深厚的广州西关的传统文化。粤博馆的中心湖是讲述粤剧戏班方便巡回演出而栖身于红船的记忆。湖面上坐立着的广福台，是粤剧演员的表演之地。其包含了经典戏曲的演绎，如《花好月圆》，以及现代与传统的融合表演，如广播体操与粤剧结合的《粤韵操》。传统粤剧的怀旧记忆感、现代粤剧的创新融合感吸引了广泛观众的驻足观赏。

作为形容词的场域，粤剧艺术博物馆仿造历史场景而生，形成了空间情感对话的基础条件。园林式设计与粤剧历史叙述的融合，是画与文的结合，为观众提供情感表达的入口。园林式粤剧表演的再现，潜移默化地将观众带回粤剧历史的进程，同时，以身临其境的情感体验形式让观众参与粤剧的演绎，形成情感共鸣空间。正如博物馆学家西尔弗斯通（Silverstone）所指，当博物馆提供展品故事的参与入口时，观众会将自己的日常生活经历与参观经历进行结合构造，形成自己的文化认知片段。

6.3.3 作为动词的媒介

媒介是博物馆信息的载体，它相当于故事句子里的动词，分为被动与主动。在传统的博物馆中，传统媒体如电视、广播、小册子被使用来当作信息的传输体，观众同时也是处于被动的接受方。在无墙博物馆中，该媒介转被动为主动，无论是观众还是藏品，主动积极地使用媒介，能更好地吸收文化的信息。正如传播学学者詹金斯认为，博物馆从"学术高府"的身份转变为"大众论坛"是需要观众通过强有力的社交媒体技术来存档、注释和再循环利用数字遗产信息[①]。

1. 口袋型博物馆——文创讲故事

口袋博物馆是博物馆利用手机移动端，进而实现对外联通观众的方式之一，而文化创意产品诞生于人类对文化的理解和再创造。传统的文化创意产品具有纪念、保存及使用的功能。无墙下的文创增加了第四大功能——"讲故事"。比如，《粤声粤色》新媒体粤剧展中名伶唱腔流派和粤剧乐器的展示介绍，以书签的形式承载粤剧文化元素的讲解，如图6-15、图6-16。观众可免费获取这套书签卡片，并运用手机社交媒体软件的扫描功能，对书签的二维码进行扫描。粤剧名伶的经典唱段将以视频的形式展现在观众面前，如图6-17。在乐器展示上，每张卡片配备了乐器特征的讲述。琵琶的"嘈嘈切切错杂弹，大珠小珠落玉盘"、高胡的"弦伊高张段，声随绕指柔"、二弦

图6-15　粤剧名伶书签

① （英）简·基德（Jenny Kidd）. 新媒体环境中的博物馆：跨媒体、参与及伦理[M]. 胡芳，
　　译. 上海：上海科技教育出版社，2017.

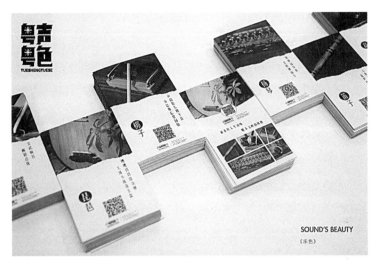

图6-16　粤剧乐器书签

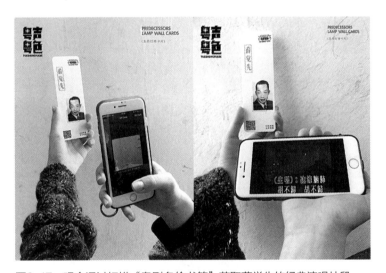

图6-17　观众通过扫描"粤剧名伶书签"获取薛觉先的经典演唱片段

的"文武病狂、画眉点珠"等。文字的叙述辅助功能，启发观众在聆听乐器时的构想性活动，形象地将该乐器的特征传递给观众。

2. 虚拟型博物馆——信息过滤的展望

传统的虚拟博物馆是由策划者控制的，将完整展品信息及展览进行数字化搬至网页。观众可随时随地通过鼠标或键盘操作按钮成为网络虚拟观众，观赏博物馆藏品。马斯洛需求分析认为人的需求满足是阶梯式的，当观众满足了客体观赏的喜悦，则会进一步进行主体策划的高层次需求。博物馆外墙的参与式设计应是观众充分参与展览的构建。布鲁克林博物馆正在通过社交媒体提供观众策划整个展览的渠道。其提供群体性标签服务（Posse Tagging Service），将展品数字化后分享至网站，并鼓励观众为其贴上标签。标签内容是观众所想，亦由观众检查并筛选。观众可组织和编排他们的标签，可将其与他人分享，组成过滤型的虚拟博物馆。过滤型虚拟博物馆是赋予观众在海量信息中管理信息的权力，是根据观众个体喜好生成的博物馆。它将通过社交媒体的运用，成为文化意义连接的多元化载体。

观众与博物馆关系的再定义与技术的革新换代给当代博物馆带来了许多无墙化的尝试，形成了平面设计、媒体设计以及空间景观设计等多种学科汇聚在一起的生态环境。博物馆的任务是传递文化与知识教育，正因为多学科的交织与观众的参与，目前国内博物馆的无墙互动设计仍然处在探索阶段，主要借助媒体技术强调内墙观众与藏品艺术的互动性，外墙文化传播的渠道还有待开发。博物馆的无墙化是让观众得到知识学识经验的同时满足情感价值的需求。此过程是需要观众的主观能动性作为催化剂，继续探索观众与展品的互动设计策略，找到娱乐与学习的平衡点。博物馆设计的场域与叙事将启发观众对文化的理解，引发观众思考，进而影响观众的信念与行为价值观，实现博物馆文化传承与社会教育的真正目的，这是无墙博物馆的最终目标。

第 7 章

结　语

关于博物馆场域里的叙事设计，它是人与博物馆关系的建构。社会学的场域是社会关系的架构，它孕育了人的行为习惯，而社会里的资本则决定了行为习惯的走向，如礼貌的、粗鲁的、高雅的、低俗的等等。在博物馆场域中，博物馆是一个文化生态系统圈，它的参展路线决定了观众的行走路径和观展形式，而博物馆场域里的藏品信息的承载媒介则成为观众观展时的肢体语言的延伸，如感官（眼耳口鼻）的刺激、肢体动作的交互以及不同场域氛围下的情感体验。因此，我们需熟悉博物馆里不同的场域，感官场域、心理场域、媒介场域等。场域是构成集体记忆与身份认同的空间，它是一个历史空间，同时包含着特有的场所精神及地方主义。在不同的场域下，博物馆将采用不同的叙事设计手法将博物馆的藏品信息有效地传达给观众。正如博物馆学家西尔弗斯通指出，当博物馆开始叙事时，观众会将自己的日常生活经历与参观经历进行结合构造，形成自己的片段，这是博物馆无墙化的前提。

关于无墙博物馆里的美学。它是走向生活的美学，是与美学的发展密不可分的。新的艺术表现形式，如技术美学、机械美学、破坏及重构、光学艺术等让大众的审美认知逐渐觉醒。在博物馆的无墙化设计中，借助艺术与科技的结合，博物馆从"高雅殿堂"转型为"大众论坛"，大众追求个性化、追求审美的愉悦感，逐渐孕育了无墙博物馆的体验美学。它基于场域叙事设计，形成了感官愉悦体验、情感沉浸体验、认知体验。

上述几点，构建了无墙博物馆的叙事架构，而我们所需要的构建工具则是电影艺术里的叙事性技巧及蒙太奇艺术。作为三维空间的展示，无墙博物馆就像巨大而自由的电影院，它的叙事架构来源于场域里的空间蒙太奇艺术和影视叙事艺术的结合。叙事话语与空间蒙太奇连接了两个场域间的叙述，让观众在叙事流里保持沉浸的叙事性状态。在此无墙博物馆的叙事流里，藏品不再单独作为名词而被修饰。观众作为博物馆里另一个名词的主体性逐渐突出，无墙赋予藏品和观众主动双向交流的可能性。场域则作为形容词，除了为藏品与观众渲染悲伤、忧愁、喜悦、庄严等情绪外，场域所固有的历史及记忆将作用于观众的身心体验，让藏品信息入脑更入心。媒介是无墙博物馆不可缺少的叙事动词。它与传统博物馆不同的是，它是主动与被动的随时切换。

观众可选择主动使用媒介，亦可选择被动地让媒介指引叙事线的进行。

　　西尔弗斯通在19世纪末确定教育职能为博物馆向大众传承文化时便指出，叙事对学习过程具有积极作用。无墙博物馆则是在不同的场域，针对性地为需求各异的观众提供叙事入口，开启符合当代观众审美趋势的寓教于乐的教育方式。随着观众智慧的集合以及新媒体技术的更新发展，未来无墙博物馆的观众将在参观过程中以主人翁意识主动、独立、积极地进行博物馆现有知识的二次建构，以此发展观众策划展览的趋势，从而延伸与拓展博物馆的教育职能，实现文化传承的可持续发展。

参考文献

1. 普通图书

[1]   邓烛非. 电影蒙太奇概论[M]. 北京：中国广播电视出版社，1998.

[2]   刘寅. 绘画构图要领[M]. 武汉：湖北美术出版社，2016.

[3]   李幼蒸. 理论符号学导论[M]. 北京：社会科学文献出版社，1999.

[4]   汉宝德，展示规划理论与实务[M]. 台北：田园城市文化事业有限公司，2000.

[5]   杨家骆. 四库全书百科大辞典[M]. 北京：警官教育出版社，1994.

[6]   郑欣淼. 故宫80年与中国现当代文化[M]. 故宫与故宫学. 紫禁城出版社，2009.

[7]   陈少丰. 中国雕塑史[M]. 广州：岭南美术出版社，1993.

[8]   广东省博物馆. 潮州木雕[M]. 北京：文物出版社，2004.

2. 论文集、会议录

[1]   汤家庆. 博物馆美学：跨文化的桥梁[C]. 博物馆学与全球交流，2008：5-8.

3. 科技报告

[1]   M. Spasojevic and T. Kindberg. A study of an augmented museum experience[R]. Hewlett Packard internal technical report, 2001.

4. 学位论文

[1]   周绍江. 多元与融合[D]. 重庆：四川美术学院，2018.

[2]   马晓翔. 新媒体装置艺术的观念与形式研究[D]. 南京：南京艺术学院，2012.

[3]   刘雅仪. 基于建筑现象学的博物馆体验式内部空间研究[D]. 广州：华南理工大学，2016.

[4]   包行健. 空间蒙太奇：影像化的建筑语言[D]. 重庆：重庆大学，2008.

[5]   吕文静. 博物馆公共教育模式研究[D]. 北京：中央美术学院，2011.

[6]   祝虻. 中国传统宗族记忆与身份认同[D]. 芜湖：安徽师范大学，2015.

[7]   游蓉. 意识引导的教育——认知心理学在博物馆设计中的应用[D]. 武汉：华中科技大学，2005.

[8]   刘乃歌. 费瑟斯通后现代主义消费文化理论研究[D]. 济南：山东大学，2016.

5. 专利文献

[1] Yu-Chang Li, Alan Wee-Chung Liew, Wen-Poh Su. The digital museum: Challenges and solution[P]. Information Science and Digital Content Technology（ICIDT）, 2012 8th International Conference on, 2012.

6. 专著中析出的文献

[1] （美）莱考夫，（美）约翰逊. 我们赖以生存的隐喻[M]. 杭州：浙江大学出版社，2015.

[2] （德）曼弗雷德·普菲斯特（Manfred Pfister）. 戏剧理论与戏剧分析[M]. 周靖波，李安定译. 北京：北京广播学院出版社，2004.

[3] （美）瑞安. 故事的变身[M]. 张新军译. 南京：译林出版社，2014.

[4] （美）亨利詹金斯. 融合文化：新媒体和旧媒体的冲突地带[M]. 北京：商务印书馆，2012.

[5] （美）妮娜·西蒙. 参与式博物馆：迈入博物馆2.0时代[M]. 俞翔译. 杭州：浙江大学出版社，2018.

[6] （英）达尔夫·殴瑞利，费纳罗·克里根. 营销艺术：一种新的方式[M]. 周立译. 上海：上海书店，2017.

[7] （加）安德烈·戈德罗（Andre Gaudreault），（法）弗朗索瓦·若斯（Francois Jost）著. 什么是电影叙事学[M]. 刘云舟译. 北京：商务印书馆，2005.

[8] （英）简·基德（Jenny Kidd）. 新媒体环境中的博物馆 跨媒体、参与及伦理[M]. 上海：上海科技教育出版社，2017.

[9] 劳拉·A·金. 体验心理学（第2版）[M]. 曲可佳译. 北京：电子工业出版社，2018.

[10] 席勒. 审美教育书简[M]. 北京：北京大学出版社，1985.

[11] 汉斯·罗伯特·耀斯. 审美经验与文学解释学[M]. 顾建光译. 上海：译文出版社，1997.

[12] 戴维·哈维. 后现代的状况[M]. 阎嘉译. 北京：商务印书馆，2003.

[13] 张寅德. 叙述学研究[M]. 北京：中国社会科学出版社，1989.

[14] 张静. 身份认同研究[M]. 上海：上海人民出版社，2006.

[15] 龙迪勇. 空间叙事学[M]. 北京：生活·读书·新知三联书店，2015.

[16] 李立. 传播艺术与艺术传播[M]. 北京：中国传媒大学出版社，2010.

[17] 王一川. 审美体验论[M]. 天津：百花文艺出版社，1999.

[18]　朱光潜. 文艺心理学[M]. 合肥：安徽教育出版社，1996.

7. 期刊中析出的文献

[1]　孟卫东. 新媒体艺术生存和发展的当代背景[J]. 安徽师范大学学报（人文社会科学版），2009，37（01）：101-103.

[2]　汤建民. 生态隐喻方法论[J]. 重庆邮电大学学报（社会科学版），2008（02）：68-72.

[3]　李伟洺. 环境设计中的空间蒙太奇与场面调度[J]. 艺术教育，2016（05）：200-201.

[4]　郝建. 美学的暴力与暴力美学 杂耍蒙太奇新论[J]. 当代电影，2002（5）：90-95.

[5]　贾云鹏，蔡东娜. 基于情节互动的交互性叙事形式探索[J]. 电影艺术，2013（03）：93-101.

[6]　甄朔南. 什么是新博物馆学[J]. 中国博物馆，2001（01）：25-32.

[7]　高洋. 理性的困惑——康德认识论模式观照下对感情的分析和考察[J]. 昆明大学学报，2008，19（04）：1-4.

[8]　燕海鸣. 博物馆与集体记忆——知识、认同、话语[J]. 中国博物馆，2013（03）：14-18.

[9]　林少雄. 视像时代的技术叙事[J]. 当代电影，2018（12）：99-102.

[10]　吴珊. 格式塔心理学原理对平面设计的启示[J]. 吉林艺术学院学报，2008（5）：3-21.

[11]　薛燕. 探索大学美术馆对工艺美术史的叙事方式——"乾坤戏场——广州美术学院明清潮州金漆木雕藏品研究展"综述[J]. 美术观察，2018（06）：32-33.

[12]　孙江. 皮埃尔·诺拉及其"记忆之场"[J]. 学海，2015（03）：65-72.

[13]　甄朔南. 什么是新博物馆学[J]. 中国博物馆，2001（01）：25-28，32.

[14]　乔治·米勒. 神奇的数字7±2：我们信息加工能力的局限[J]. 心理学评论，1956.

[15]　Carlos A. Scolari. Media Ecology: Exploring the Metaphor to Expand the Theory[J]. Communication Theory, 2012, 22（2）.

[16]　CoulterSmith. Deconstructing installation art: Fine art and media art 1986‐2006[J]. Casiad Publishing, 2007.

8. 电子文献

[1]　广东省博物馆官网[EB/OL]. http://www.gdmuseum.com/gdmuseum/_301014/_301022/007ff0eb-2.html.

[2] cartzhang. Kinect摄像头范围介绍和玩家舒适距离实测[EB/OL]. https://blog.csdn.net/cartzhang/article/details/44588097.

[3] 关于全国博物馆、纪念馆免费开放的通知[EB/OL]. 2008-01-23.

[4] 国际博物馆协会（ICOM）章程. 维也纳：国际博物馆协会第二十一届全体大会宣布[EB/OL]. 2007-8-24.

[5] 吴晓波. 2018新中产白皮书[EB/OL]. https://www.sohu.com/a/260322807_99974387.

[6] 文化和旅游部：2018年文化和旅游发展统计公报[EB/OL]. http：//www.199it.com/archives/885507.html.